AF385703

LES CRISTAUX

2ᵉ SERIE PETIT IN-8º.

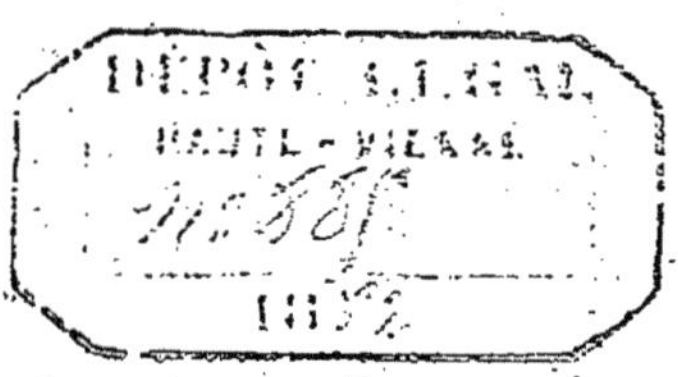

LA SCIENCE POPULAIRE

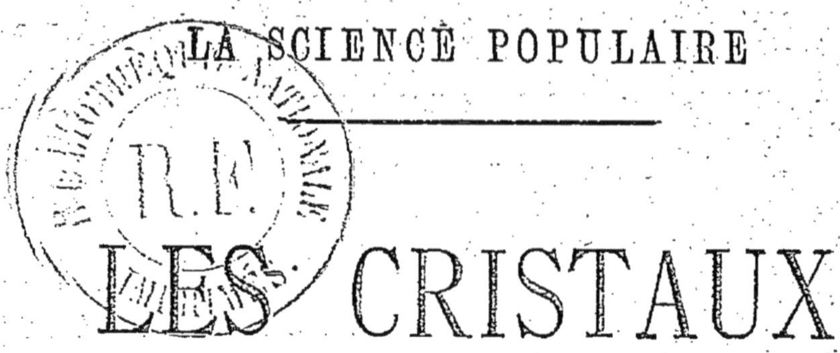

LES CRISTAUX

ET

LA CRISTALLISATION

PAR S. DUCLAU.

LIMOGES

EUGÈNE ARDANT ET Cie, ÉDITEURS.

SUR

LES CRISTAUX

On raconte qu'il y avait jadis à Babylone un jeune homme riche et sage, nommé *Zadig*. Ce n'est pas ici le lieu de peindre toutes ses belles qualités, sa générosité naturelle, son aimable et judicieuse modération, sa discrète condescendance pour la faiblesse ordinaire des hommes, son enthousiasme persévérant et contenu pour les choses grandes et justes. Si le souvenir de Zadig me revient à ce moment, c'est seulement à cause de la merveilleuse sagacité dont son nom est resté le symbole. Le jeune Babylonien résolvait avec un admirable discernement, sans magie, les plus subtils problèmes, et, par exemple, sur quelques légers indices il décrivit un jour, de la tête au pieds, un chien et un cheval

qu'il n'avait point vus et dont il n'avait
pas même entendu parler. Il avait appris,
dans l'étude des animaux et des plantes,
à voir des différences à l'endroit où des
yeux moins attentifs n'aperçoivent rien
que d'uniforme; il avait appris à lire, en
ces différences, les circonstances passa-
gères qu'elles racontent. Observateur et
interprète de la nature, il lui trouvait l'élo-
quence la plus expressive alors que ses
compatriotes la croyaient muette; traité
par eux d'enchanteur et de sorcier, quand
il leur redisait ce qu'il lui avait entendu
dire. Son secret consistait à chercher ce
qui est invisible dans ce qui est visible, ce
qui est absent dans ce qui est présent, ce
qui n'est plus dans ce qui reste, le pied
dans la trace, l'ouvrier dans l'œuvre.

Il s'en faut pourtant que ce procédé soit
aussi sûr qu'il le semble, et que le langage
de la nature ait toujours le sens qu'il paraît avoir au premier abord. Mainte fois
même, l'on serait tenté de croire qu'elle
se joue de ses interprètes, disposant à
dessein toute chose pour les faire tomber
dans le piége. Les indices qu'elle leur offre

sont si frappants ! comment n'y pas jeter les yeux ? La signification de ces indices est si claire ! comment se refuser à la reconnaître ? Un Zadig même y serait pris.

Le règne minéral va nous fournir un exemple de ces questions spécieuses qui semblent se présenter d'elles-mêmes pour que les hommes y trouvent sur-le-champ réponse ; puis, tout joyeux de tenir le mot de l'énigme, s'écrient, selon leur habitude : « cela est évident ; cela ne souffre pas de doute », tandis que la nature sourit de leur précipitation et de leur assurance.

Supposons, mes amis, qu'il s'agisse de savoir d'où vient, à la petite pierre que voici, la forme que vous lui voyez.

Ne vous arrêtez pas, pour le moment, à la couleur verdâtre de cette pierre ni à sa transparence, qui la feraient prendre pour du verre. Laissez aussi de côté sa composition et veuillez ne vous occuper que de sa forme.

Cette pierre se termine, comme un dé à jouer, par six facettes planes et luisantes ; chacune de ces facettes vous offre non pas un carré, comme dans le dé à jouer, mais un losange (ou une losange), c'est-à-dire une figure à quatre côtés, dans laquelle les côtés, en se joignant, forment deux angles aigus et deux angles obtus, les deux angles semblables et égaux placés en regard l'un de l'autre.

Si de l'observation de ces facettes vous passez à l'observation de leur disposition respective, vous ne remarquez pas moins de régularité. Vous voyez la surface plane ou le *plan* de chaque losange s'incliner sur les quatre surfaces planes qui l'entourent, exactement de la même manière que chacune de ces surfaces planes s'incline sur ses trois autres voisines ; en d'autres mots, les angles solides, ou, comme on dit, les arêtes que forme la rencontre des surfaces planes, ces angles solides ne sont pas moins symétriques entre eux que les angles plans par où se rejoignent les côtés en chaque facette.

Zadig, interrogé sur l'origine de cette configuration, eût assurément jugé la question superflue. Que ne demandez-vous, eût-il dit, d'où viennent les faces et les

angles d'un *dé à jouer* d'ivoire, d'un piédestal de marbre, d'une poutre, d'une barre
de fer? Y a-t-il plus loin de cette pierre
verte au lapidaire, que de ce dé au bim-
belotier, de ce piédestal au sculpteur, de
cette poudre au charpentier, de cette barre
de fer au forgeron?

Le fait est qu'il ne nous faut pas un
grand effort pour remonter de la disposition
de ces six losanges à l'artiste qui se l'est
représentée; à la main qui a réalisé la
pensée de l'artiste; aux instruments dont
cette main a emprunté le secours; à la
règle, je suppose, qui a été appliquée
contre ces surfaces planes, au compas
qui en a déterminé rigoureusement les
dimensions, aux branches d'équerre mobiles entre lesquelles a été vérifiée l'inclinaison de ces surfaces les unes sur les
autres. Resterait à nous enquérir des propriétés physiques de cette pierre, de sa
dureté, de sa fragilité, pour en déduire les
procédés qui ont été mis en usage dans la
taille et le polissage; pour savoir de quelle
poussière le travailleur s'est fait tour-à-tour
une scie, une lime, une meule; quelle autre il

s'est fait un brunissoir. La ressemblance de cette pierre avec le verre ne nous conduit-elle pas d'ailleurs à supposer un traitement préalable par le feu? Sa forme, en ce cas, ne serait autre que celle du moule dans lequel la matière en fusion aurait été refroidie. Il n'y a pas moyen de douter que ces six losanges qui se correspondent avec tant de justesse, aient été taillés ou moulés; s'il s'agissait d'une substance maléable, nous pourrions encore supposer qu'ils ont pris cette forme sous le marteau; d'une manière ou d'une autre, il faut absolument que cette forme leur soit venue du dehors.

Les conjectures, en cette occasion, s'expriment tout naturellement avec le ton de la certitude; elles nous paraissent en avoir le droit. Il est difficile, en effet, de passer par un chemin moins hasardeux de ce que l'on voit à ce qu'on ne voit pas, de ce que l'on connaît à ce qu'on ignore. Bien plus, ce chemin est ici le seul qui se présente; il n'est pas à notre disposition d'en prendre un autre.

Eh bien! malgré toutes les apparences contraires, ce chemin nous mène ici à une erreur. Cette pierre verte n'a été ni moulée ni taillée; elle n'a subi l'épreuve ni du compas ni de la règle; le marteau, la scie, la lime, la meule, le polissoir, lui sont égalément restés étrangers. *Cette pierre s'est faite ainsi toute seule, sans outils, sans main, sans calcul géométrique.*

Voilà, certes, un grand sujet d'étonnement, si grand même que vous ne pouvez revoir et toucher ces facettes planes et lustrées, ces losanges si régulièrement accouplés, sans revenir, malgré vous, à la supposition que la première vue de cette pierre fait naître tout d'abord. Il faut en convenir, les pierres précieuses ou les verres fins que la bijouterie reçoit du lapidaire n'offrent, en résultat, rien de plus.

En disant que cette pierre s'est faite ainsi toute seule, je n'entends pas, vous pensez bien, qu'elle se soit faite sans matériaux; mais seulement que ces matériaux se rencontrant en certaines circonstances spéciales, le résultat de leur rencontre (1) a

(1) Il n'importe au résultat que cette rencontre ait été prévue ou imprévue; qu'elle ait eu lieu dans les crevasses obscures de l'écorce terrestre, ou bien d'après le désir et sous l'œil d'un expérimentateur.

été tel que vous le voyez ici, sans intervention directe d'être animé, sans l'intervention d'un être qui, connaissant les propriétés de cette sorte de pierre, ait choisi et manié l'outil qu'il faut pour la changer de forme.

Examinons les matériaux dont notre pierre verte est formée, et les circonstances dans lesquelles elle a pris d'elle-même cette forme de dé en losange, ou, comme on dit, de *romboèdre* (1). Si vous versez dans un bocal de l'acide sulfurique étendu d'eau sur un métal facilement oxydable, du fer en rognure par exemple, qui dans cet état présente beaucoup de surface au liquide, il se produit immédiatement une réaction chimique.

(1) La terminaison *èdre*, prise du mot grec qui signifie *siége*, indique des *faces planes* ; et *rhombos*, rhombe, est le mot grec qui répond à notre mot *losange*. Nous retrouvons la terminaison *èdre* dons les mots suivants : *polyèdre*, solide à plusieurs faces planes ; *tétraèdre*, solide à quatre faces planes ; *hexaèdre*, solide à six faces ; *octaèdre*, solide à huit faces ; *décaèdre*, solide à dix faces ; *dodécaèdre*, solide à douze faces ; *icosaèdre*, solide à vingt faces.

L'eau se décompose ; son hydrogène se dégage ; quant à l'oxygène il se combine avec le métal, pour former un oxyde de fer. Cet oxyde de fer, au fur et à mesure qu'il se produit s'unit lui-même à l'acide sulfurique, et constitue ce que l'on appelle en chimie un *sel*, auquel on donne le nom de *sulfate de fer*.

Ce sulfate, étant voluble, reste en suspension dans la partie d'eau qui n'a pas été décomposée, et se présente sous l'apparence d'un liquide limpide, d'un vert clair ou bleuâtre.

Si l'on abandonne ce liquide à lui-même, l'eau s'évapore peu à peu. Le sulfate de fer qui n'est pas volutilisable reste à l'état solide. Quand l'eau a disparu, vous trouvez en effet les parois du vase ou les rognures de fer qui, faute d'acide, n'ont pas été converties en sulfate, recouvertes d'une multitude de petites pierres, verdâtres et transparentes, à facettes planes et luisantes, découpées en losange, c'est-à-dire exactement de la même famille que la pierre en losange, que je vous montrais tout-à-l'heure. Sans doute aucune de ces pierres ne vous présente le rhomboèdre entier, que je vous ai fait voir; mais vous y retrouvez les mêmes inclinaisons des côtés de chaque facette les uns sur les autres, et des facettes entre elles; les mêmes angles plans, les mêmes arêtes. Cette uniformité se retrouve jusque dans ces losanges superposés qui semblent engagés les uns dans les autres, et forment ensemble une sorte de double, de triple ou même de quadruple escalier, dont les gradins ont, par leurs arêtes, la même inclinaison que si chacun d'eux appartenait à un rhomboèdre complet.

C'en est assez, je pense, pour vous convaincre que notre pierre verte de tout-à-l'heure a, du moins à peu de chose près, la même origine. Des deux parts, vous avez sous les yeux du sulfate de fer, ou, comme on disait autrefois, du vitriol vert (1), de la couperose verte. Des deux parts vous avez une substance solide, issue d'un liquide, sous des circonstances qui, vous le voyez, travaillent et façonnent

______

(1) La ressemblance de ce sel avec le verre, vous dit assez l'origine du mot *vitriol*.

cette matière vitreuse avec autant de précision que le pourrait faire le plus habile diamantaire.

Un tel fait, un fait qui donne à nos conjectures les plus confiantes un si éclatant démenti, vaut la peine que nous nous y arrêtions quelques instants, et que nous l'observions derechef dans les divers exemples qui se trouvent à notre portée.

Sans aller si loin, puisque nous voici dans les sels, il en est un que nous connaissions avant d'avoir fait du sulfate de fer : c'est le sel qui a donné son nom à tous les autres, le sel ordinaire, le sel de table, le chlorure de sodium des chimistes. Ce n'est pas à moi à vous apprendre que ce sel fond dans l'eau, comme le sulfate de fer, et que, comme le sulfate de fer, il ne s'évapore pas avec l'eau. A quel état le laissera donc l'évaporation de l'eau? Il vous suffit, pour le savoir, de faire fondre une petite pincée de sel dans une goutte d'eau, sur un éclat de vitre, je suppose, et de laisser l'eau disparaître peu-à-peu. Que reste-t-il? Un cercle de petits dés aplatis, de petits pavés, de petites pierres de taille ; en un mot des cubes (1) et des rectangles, semblables à ceux qui font le sujet des démonstrations géométriques, rangés en rond autour du centre de la goutte d'eau. Quelques-uns de ces cubes sont étagés les uns au-dessus des autres, et forment des escaliers qui descendent non pas vers le dehors, comme dans le sulfate de fer, mais vers le dedans : figurant de la sorte, en creux, une espèce d'entonnoir aux parois équarries et graduées, une sorte de trémie à gradins. Ici il n'y a plus alternance d'angles obtus et d'angles aigus : tous les angles sont droits, comme s'ils avaient passé à l'équerre.

Voulez-vous un autre exemple, emprunté à l'une des substances que vous avez sous la main. Faites pour le sucre ce que vous venez de faire pour le sel ; laissez-en fondre quelques parcelles dans une goutte d'eau, sur un éclat de vitre. L'eau évaporée, que trouvez-vous ? de petits dés oblongs et tronqués par le haut,

(1) *Cubos*, cube, est le nom grec du dé à jouer qui. vous le savez est un solide à six faces, un *hexaèdre*, dont chaque face est un carré.

en forme de toit. Soumettez à la même épreuve les diverses autres substances qui fondent dans l'eau et que vous pouvez vous procurer aisément : le salpêtre, l'alun, la potasse commune (carbonate de potasse des chimistes), le sel d'oseille. Les résultats obtenus sur une si petite échelle n'apparaîtront pour la plupart à nos yeux qu'avec le secours de la loupe ; mais ils n'en seront pas moins décisifs : ils vous inspireront certainement le désir de tenter des essais plus en grand.

Ces essais vous permettront de remarquer que la production de facettes planes et d'angles symétriques, ou, comme on dit de *cristaux*, n'a lieu qu'à l'égard de la portion de matière qui se mêle au liquide, sans en altérer la transparence. Quant à la portion qui s'y est seulement délayée, elle n'y est maintenue en suspension que passagèrement, par le mouvement que vous communiquez au liquide ; vous la retrouvez ensuite, au fond, en dépôt, ce qui revient à dire qu'elle n'est soumise qu'à une seule attraction, celle que désigne le mot de *pesanteur*. La portion restée invisible est, au contraire, incorporée au liquide et en partage les propriétés mécaniques : soumise à l'égard de ce liquide, comme ce liquide lui-même à l'égard des tubes capillaires, à une attraction qui l'emporte jusqu'à certain point sur celle de la pesanteur (1). Cette portion est, dans le liquide, à l'état de suspension invisible et permanente, ou, comme on dit, à l'état de

(1) Le deuto-chlorure de mercure (sublimé corrosif) est à peu près six fois aussi pesant que l'eau; néanmoins si l'on en dissout dans de l'eau, il n'y en aura pas plus au fond du liquide qu'à la surface.

Venez-vous à détruire l'union du liquide et de la substance soluble, par exemple en offrant au liquide une substance soluble pour laquelle il ait plus d'attraction que pour la première, la substance précédemment dissoute n'est plus soumise qu'à la pesanteur et tombe au fond du liquide dont elle altère la transparence. Rendre ainsi subitement une substance soluble à l'action de la pesanteur c'est, dans le langage des chimistes, la *précipiter*. La précipitation n'est pas accompagnée d'un dépôt, lorsque la substance précédemment dissoute est à-peu-près du même poids spécifique que le liquide restant. Ainsi, lorsque vous versez de l'eau sur l'*eau de Cologne*, ou de l'*eau de Cologne* dans de l'eau, la transparence du liquide est altérée; il y a *précipitation* (sous forme de nuage blanchâtre) des huiles essentielles que l'esprit de vin tient à l'état de solution dans l'eau de Cologne; le nuage reste en suspension.

solution, c'est-à-dire à l'état de liquéfaction.

Cette liquéfaction d'une substance solide,
par mélange invisible de cette substance
et d'un liquide, a une limite. Cette limite
est atteinte, dans une solution aqueuse de
craie, par exemple, lorsque, en mettant
de la craie dans de l'eau et la remuant
quelque temps, vous voyez que la transparence du liquide est troublée, et que,
en la laissant un instant tranquille, il s'y
forme un dépôt. On dit alors que le liquide
est *saturé*, c'est-à-dire qu'il a dissous autant de substance soluble qu'il en peut
dissoudre (1). Le point de saturation est
la limite de la solution. Au-delà de ce
point, il n'y a plus solution, mais sim-

(1) Je veux dire que ce liquide, à cette température,
ne peut plus, sans perdre sa transparence, admettre de
cette substance-là ; mais il en peut admettre une autre.
Vous pouvez vous convaincre, par expérience, que de
l'eau saturée de salpêtre et qui n'en peut plus admettre,
dissout encore une grande quantité de sulfate de soude;
ce qui n'empêche pas qu'elle puisse dissoudre une
troisième substance, du sel de table par exemple, puis
une quatrième encore. Bien plus, de l'eau saturée de
salpêtre devient, quand on y ajoute du sel de table,
capable de dissoudre une nouvelle quantité de salpêtre.

plement délayage. L'excédant de substance solide se dépose sans avoir été dissous à l'état de division auquel le liquide l'a porté en s'interposant entre ses interstices. Dans ce cas, la limite de la solution est atteinte, parce que, en ajoutant de la substance soluble, on n'a pas ajouté de dissolvant.

La limite de la solution est encore atteinte, lorsque, dans un liquide, amené au point de saturation ou près de ce point, on retranche une partie du dissolvant, sans rien retrancher de la substance soluble; lorsque l'on enlève une portion du liquide par évaporation, je suppose, ainsi que vous l'avez vu pour les solutions aqueuses de sulfate de fer, de sel de table, de sucre. La substance précédemment dissoute n'est pas alors rendue purement et simplement à l'action de la pesanteur. Elle est soumise à une attraction, qui porte les parties semblables vers les parties semblables: attraction dont les résultats sont déterminés par les distances qui séparent, dans leur atmosphère liquide et mobile, les parties précédemment dissoutes, et par les variations de température prééxistantes ou consécutives au fait de la solidification; par la conductibilité du liquide, de la matière soluble et des corps adjacents.

Un fait que nous ne devons pas ici perdre de vue, c'est que le passage de l'état solide à l'état de substance dissoute est accompagné de *l'abaissement de température* du liquide. Si l'on considère la chaleur ou le calorique comme un liquide ou un fluide invisible, on peut dire qu'une portion de ce fluide est employée pour le fait de la solution, y entre en quelque sorte et y demeure, comme la substance dissoute elle-même, emprisonnée et insensible (1). N'oublions pas non plus que, lors du retour de la substance dissoute à l'état solide, ce calorique emprisonné et insensible, ce calorique caché ou *latent*, comme on l'a nommé d'après le docteur *Black*, redevient libre et sensible ; ou bien, en d'autres mots, que le passage de la substance soluble de l'état liquide à l'état solide est

(1) La substance soluble est seulement *invisible* dans la dissolution. Son poids appréciable à la balence, sa densité appréciable à l'aréomètre, ou seulement sa saveur y décèlent sa présence.

accompagné d'un *exhaussement de tempé-rature* du liquide.

De la sorte, dans la solution d'une matière solide par un liquide, ce ne serait pas assez de compter un liquide visible, il faudrait encore compter un liquide ou un fluide invisible: le calorique. Il y aurait, en un mot, à toute solution par un liquide, deux dissolvants. Les solutions même auxquelles le calorique semble le plus étranger, les solutions à froid, ces solutions ne lui seraient étrangères qu'en apparence.

Cette observation nous conduit au cas dans lequel les deux sortes de dissolvants, le liquide visible et le liquide invisible sont notoirement intéressés, au cas des solutions à chaud.

Ici la quantité du dissolvant visible (du liquide) étant supposée la même, la quantité du dissolvant invisible (du calorique) est plus grande; d'où vous conclurez qu'il se dissoudra une plus grande proportion de substance soluble. C'est aussi ce qui arrive à l'égard du plus grand nombre des substances solubles; c'est ce qui arrive à l'égard du salpêtre et de l'alun, par exem-

ple, comme vous en pouvez facilement
faire l'expérience. Vous entrevoyez, en
outre, qu'en retranchant ici du calorique,
on retranchera réellement du dissolvant,
et que, par là, le point de saturation sera
tout aussi bien atteint et dépassé que si
l'on retranchait du liquide; en un mot, le
refroidissement produira, dans ce cas, le
même résultat que l'évaporation tout-à-
l'heure; le liquide ne gardera en solution
de le substance soluble, que la portion
qu'il en dissout à froid; le reste de la
substance soluble reparaîtra à l'état solide.

C'est, pour le dire en passant, sur cette
différence de solubilité à chaud et à froid
qu'est fondé le raffinage du salpêtre. Ce
sel, à l'état brut, tel qu'il est retiré par
une première série d'opérations, des matières salpétrées, — se trouve mêlé à des
sels de diverses espèces; les uns qui ab-
sorbent l'humidité de l'air, et par consé-
quent ne prennent pas ou ne gardent pas
la forme solide; les autres qui sont à-peu-
près également solubles à chaud et à froid.
Si l'on verse sur ce mélange une quantité

d'eau suffisante pour dissoudre les sels les moins solubles, cette eau tiendra le salpêtre dissous tant qu'elle sera chaude, mais il n'en sera plus de même par le refroidissement ; la majeure partie du salpêtre dissous, les cinq sixièmes environ, en un mot, l'excédant de la solution à froid, reparaîtra à l'état solide. L'eau de laquelle cet excédant a été extrait, et qui garde encore ce qu'elle peut dissoudre de salpêtre, à froid, prend le nom d'*eau-mère*.

La solubilité n'augmente pas dans toutes les substances avec la température, ou, si vous voulez, le calorique ne dissout pas également toutes les substances solubles dans le même liquide. La plupart, comme le salpêtre et l'alun, se dissolvent d'autant mieux que la température du liquide est plus élevée. Pour quelques-unes, la solubilité augmente à chaque degré, en proportion toujours croissante, jusqu'au terme où la dissolution commence à bouillir. Chez d'autres, la solubilité augmente jusqu'à un certain degré de température, puis diminue au-dessus de ce degré, de sorte qu'un accroissement ultérieur de température produit ici le même effet que le refroidissement sur une solution de salpêtre, c'est-à-dire qu'une portion de la substance précédemment dissoute reparaît à l'état solide. Le sulfate de soude, par exemple (le *sel de Glauber* des pharmaciens), a son plus haut point de solubilité à 33°. Au-dessus et au-dessous de 33°, l'eau admet d'autant moins de ce sel, qu'elle s'éloigne davantage de ce degré n'importe de quel côté. L'accroissement de solubilité s'arrête pour diverses substances à des hauteurs différentes de l'échelle thermométrique ; il en est même un petit nombre que l'élévation de la température ne paraît pas rendre plus solubles ; c'est ainsi que la solubilité du sel ordinaire est la même à chaud et à froid. Enfin, il est des substances chez lesquelles l'accroissement de température diminue la solubilité au lieu de l'accroître ; telles sont la chaux et la magnésie.

Je ne sache pas que l'on ait trouvé de formule qui résume ces variations de solubilité ; vous les pouvez voir énumérées, sous forme de tableaux, dans les traités de chimie. Ces tableaux vous présentent une sorte de damier dont les lignes verticales indiquent les divers degrés du thermomètre, et dont les lignes horizontales indiquent le nombre de parties de matière soluble dissoutes, dans un poids d'eau constant, en cent parties d'eau, par exemple. La coïncidence des lignes verticales et des lignes horizontales, dans les divers points de la ligne oblique qui exprime les variations de solubilité du *salpêtre*, vous fait voir qu'à la température de la glace fondante ou de 0°, cent parties d'eau ne dissolvent que dix à douze parties de salpêtre; qu'elles en dissolvent vingt à la température de 10°; vingt-cinq à la température de 15°; trente à 20°; trente-cinq à 25°; quarante à 30°, et ainsi de suite. Pour le *sulfate de magnésie (sel d'Epsom* des pharmaciens), la ligne oblique qui le représente vous montre que la même quantité d'eau en dissout trente parties à 0°; soixante parties à 70°; soixante - quinze, à la température de l'eau bouillante, c'est-à-dire à 100°. La ligne du *sel de Glauber* remonte en courbe

vers le milieu du damier, puis s'arrête
tout-à-coup et redescend à mesure que la
température augmente; elle vous apprend
que cent parties d'eau qui, à 0°, dissolvent
cinq parties de ce sel, en dissolvent, à 33°,
un peu plus de cinquante, et qu'à une température plus haute, la solubilité, comme
je vous l'ai dit, au lieu d'augmenter, diminue; de sorte qu'à 40°, elle n'est plus
que de cinquante parties juste, et qu'à
90°, elle n'est plus même de quarante-
cinq. Quant au *sel ordinaire*, il est re-
présenté, dans ce tableau, par une ligne
horizontale invariable, qui se confond
avec la ligne horizontale marquant la
dissolution de trente-sept parties de matière soluble; cela signifie que cent parties
d'eau en dissolvent trente-sept parties à
100° comme à zéro.

C'est assez, je pense, de ces indications
pour vous mettre à même d'opter entre
l'évaporation et le refroidissement, à
l'égard des solutions auxquelles vous allez
demander de nouveaux exemples du fait
si remarquables que le sulfate de fer nous
a montré. Ce n'est pas qu'il n'y eût encore

quelques précautions à mentionner; mais la plupart se présentent si naturellement à l'esprit, que je n'ai pas le courage de vous y arrêter.

Faut-il vous dire, par exemple, qu'un moyen de hâter la solution, c'est de faire en sorte que la substance à dissoudre soit par le plus grand nombre de points possible, en contact avec le dissolvant; que, dans ce but avant de mettre cette substance dans le liquide, il faut la réduire en poudre fine, sans addition de matières étrangères, avec un pilon ou un mortier (ou tout uniment avec un marteau et sur une table) qui, par désagrégation ou par décomposition, n'y ajoute rien; puis ensuite remuer le liquide, avec une substance qui n'ajoute rien non plus à la dissolution, avec une baguette ou un petit tube de verre, par exemple. Faut-il vous faire remarquer, que l'élévation de la température, outre l'action principale dont nous venons de parler, favorise la solution et l'accélère par les courants qu'elle occasionne dans la masse liquide, les parties les plus riches en calorique, spécifiquement plus

légères se portant vers le haut, tandis que
les autres se portent vers le bas ; que ce
déplacement continuel, produit le même
effet que la baguette de verre, amenant
sans cesse de nouvelles portions de dissolvant en contact avec le corps à dissoudre (1).

S'agit-il de s'assurer de la saturation du
liquide à froid : le plus sûr est d'ajouter
jusqu'à ce qu'il y ait dépôt, de la substance soluble au liquide que l'on remue,
puis de filtrer le tout, pour séparer la solution du dépôt. Le plus court est de soumettre à l'évaporation une gouttelette de la
solution. Pour peu que la solution approche
du point de saturation, le résultat de l'évaporation ne se fera pas beaucoup attendre ;
on peut du reste la rendre plus rapide en
approchant la gouttelette du feu, en l'exposant au soleil, à un courant d'air.

Quant à la filtration, on y emploie un
morceau de laine, de coton, de toile ; ou
seulement du papier qui ne soit pas collé,
soit simple, soit en plusieurs doubles se-

(1) Un peu de sciure de bois dans le liquide vous
rendrait, au besoin, ces mouvements sensibles.

lon que la matière, qui est à séparer de la solution, a plus ou moins de finesse. Si l'on recherchait des résultats rigoureux et précis, quelques épreuves préalables seraient nécessaires pour que le papier n'altérât pas la solution. On peut encore se faire un filtre de la matière même à dissoudre, comme cela a lieu au moyen du café en poudre, dans les filtres à café. Le filtre de papier le plus simple s'obtient en pliant un carré de papier en deux, puis le carré oblong qui en résulte en deux encore et séparant une des cornes des trois autres. On a, de la sorte, un cornet à angle droit ou obtus qui, par un côté, n'a qu'une épaisseur de papier, et par l'autre, en a trois. Un entonnoir de ferblanc ou de verre sert à le soutenir ; on a soin, au reste, de verser d'abord le liquide sur la paroi du filtre pour n'en pas fatiguer le fond (1).

(1) Voulez-vous un filtre à la fois plus élégant et plus solide : pliez une feuille de papier en quatre carrément sans appuyer avec l'ongle jusqu'à l'angle qui formera la pointe du filtre ; puis chaque grand pli en deux autres plis secondaires ; puis chaque pli secondaire en deux autres et ainsi de suite selon les dimensions de la feuille. Vous obtenez, de la sorte, un nombre de divisions convenable, mais dont les angles rentrants et

L'écoulement vient-il à s'arrêter, c'est peut-être que l'entonnoir s'applique exactement au vase sur lequel il est placé, et que l'air intérieur refoulé par le liquide et n'ayant pas d'issue, fait équilibre à l'air extérieur qui presse le liquide du filtre et à ce liquide lui-même ; vous sentez alors la nécessité d'interposer entre le filtre et l'entonnoir, ou mieux entre l'entonnoir et le vase sur lequel il est posé, un brin de paille, une lamelle de verre.

La substance délayée dépose-t-elle rapidement, vous pouvez, au lieu de filtrer, *décanter*, c'est-à-dire transvaser la dissolution sans transvaser le dépôt, soit en inclinant le vase qui contient l'un et l'autre, surtout si c'est un verre élevé à fond conique, soit en introduisant dans ce vase un siphon.

sortants n'alternent pas. Vous réparez cet inconvénient en reprenant le ployage par un des bouts du papier et le continuant jusqu'à l'autre, sans vous écarter des premiers plis. Cela fait, vous séparez les deux lames de la feuille de papier : elle s'étale en une espèce d'entonnoir plissé qui s'introduit sans effort dans l'entonnoir de verre, et ne s'y appliquant pas dans tout son circuit, permet à la solution de suinter à travers les parois du filtre et de couler vers le fond de l'entonnoir dans les gouttières que lui offrent les plis du papier.

S'agit-il de s'assurer de la saturation du liquide à chaud, vous pouvez recourir au même moyen, ou bien vous servir, pour essai, du refroidissement comme tout-à-l'heure de l'évaporation ; tremper, par exemple, la baguette de verre dans le liquide et voir si quand vous la retirez, elle se recouvre de la matière soluble solidifiée ; si ce n'est assez, vous déposez une goutte de la solution sur une surface froide, sur un éclat de vitre, sur une surface métallique, sur une lame de couteau, je suppose ; ne se produit-il pas de solidification, vous ajoutez de la matière soluble. Il est cependant des substances qui ne se solidifient pas aussi rapidement ; ce n'est pas même assez pour elles d'employer une surface métallique, il faut étendre, avec la baguette, la goutte de la solution, la promener sur la surface refroidissante ; ou bien encore imprimer quelques secousses à cette surface. Y a-t-il dépôt de matière soluble, ou bien mélange de corps étrangers, de poussière, la filtration est opérée comme tout-à-l'heure.

La soustraction du dissolvant a lieu, avons-nous vu, de deux manières : *par refroidissement*, à l'égard du calorique ; *par évaporation*, à l'égard du liquide.

Le refroidissement s'applique exclusivement, comme vous pensez, aux substances qui sont plus solubles à chaud qu'à froid. Voulez-vous que le refroidissement soit lent, le choix du vase et de l'endroit où vous le placez, n'est pas indifférent. Vous ferez bien, par exemple, d'avoir du sable fin, du grès pilé, afin d'y poser le vase quand vous le retirez du feu pour le laisser refroidir ; de cette façon le sable s'échauffant peu à peu, le fond du vase ne sera pas refroidi tout-à-coup, à l'exclusion des côtés et de la surface. Quant à la surface, pour qu'elle ne s'encroûte point par évaporation, vous pouvez la recouvrir, ne fût-ce qu'avec un papier. Le mieux, pour que le refroidissement soit uniforme, c'est d'envelopper le vase, par les côtés et par le haut, avec une étoffe de laine. Désirez-vous hâter le résultat, il vous suffit pour cela d'agiter le liquide, de le remuer avec la baguette ; la solidification, au lieu de se faire attendre, a lieu sur-le-champ ; mais les surfaces planes et angulaires sont de petite dimension et confusément agrégées, comme cela se voit dans le sucre de table ou sucre en pain. Vous pouvez éprouver en outre combien la forme du vase ou plutôt l'épaisseur de la masse liquide influe sur les dimensions des cristaux obtenus ; soumettre, je suppose, une dissolution saturée à chaud, à un réfroidissement lent, dans une bouteille étroite et verticale, dans l'une de ces fioles allongées où se vendent les sirops, ou seulement dans un tube de verre. Vous pouvez même verser la dissolution dans un tube d'un diamètre tel que les parties semblables abandonnées peu à peu par le liquide se trouvent toutes, successivement, dans la sphère d'attraction du premier cristal formé et que la dissolution vous donne, au lieu d'une multitude de cristaux, un cristal unique. Au lieu d'un cristal unique, vous aurez un groupe de grands cristaux en disposant la solution saturée dans un appareil étroit, dans un long tube par exemple, communiquant par le bas avec une cavité élargie ; c'est dans cette cavité que les cristaux se formeront, et ils seront alors d'un volume proportionné à la hauteur de la colonne liquide (1).

Le traitement par évaporation s'applique aux dissolutions, qui sont saturées à la température ordinaire. Il faut que le liquide présente à l'air beaucoup de surface ; qu'il soit en couche mince, dans un vase plat, découvert, ou couvert seulement d'une gaze ou d'un papier percé avec une épingle, qui le tienne à l'abri de la poussière et du vent. C'est par l'évaporation lente que sont obtenus les cristaux les plus réguliers : il n'est que faire de vous dire que, le liquide évaporé, vous pouvez verser de nouveau, dans le même vase plat, de la dissolution saturée sur les cristaux que le liquide évaporé y a laissés.

(1) « Il est cependant un cas, dit M. *Beudant*, où une solution d'un très-petit volume peut fournir un ou plusieurs gros cristaux ; c'est lorsqu'on force le sel à cristalliser dans un seul point, en enduisant partout le vase d'une couche de matière grasse, à l'exception de l'endroit où l'on veut faire placer le cristal. » *Traité élémentaire de minéralogie*, tome 1er, page 196.

Une petite soucoupe, un verre de montre, les petites assiettes dont se composent les ménages d'enfant, vous donneront des résultats très-sensibles avec des dissolu-tions de peu de volume. Il faut seulement avoir la patience d'attendre, et, dans ce cas comme en bien d'autres, *laisser à la nature des choses le temps de faire son œuvre.* Un lieu sec, du repos, du temps, sont ici des conditions indispensables, et, si l'on peu dire, des ingrédients de l'opé-ration. Vous pouvez, du reste, varier les circonstances et en observer l'effet; hâter l'évaporation, en exposant le liquide, sous son enveloppe ou à découvert, aux rayons solaires ou même à ces rayons concentrés par une lentille ; ou bien soumettre la dis-solution à la chaleur d'une étuve, ou même la mettre sur le feu, mais de façon qu'elle ne soit pas portée à l'ébullition. Une dissolution saturée que vous mettriez le soir sur des cendres encore chaudes, ou bien sur du grès en poudre, après l'avoir fait chauffer, vous montrerait le lende-main, après évaporation lente, des cris-taux que l'impatience de l'opérateur n'aurait pas troublés dans leur formation.

Le premier sel qui s'offre à vous, pour ces essais, d'après ce que nous avons vu tout-à-l'heure de son invariable solubilité, c'est le sel ordinaire. Vous savez d'avance le résultat de l'évaporation lente d'une dissolution de ce sel. La goutte d'eau salée, que vous avez fait évaporer sur un éclat de vitre, vous l'a montré. Ce résultat n'eût pas été nouveau pour vous, si vous eussiez regardé de près le sel en grains ou gros sel de cuisine, lequel n'est autre que du sel cristallisé par évaporation. Vous tenterez, j'espère, de reproduire le même fait plus en grand. La matière ne vous manquera pas, et vous avez devant vous une belle occasion d'appliquer les précautions dont nous venons de parler. Un cube de sel de quelques grammes, taillé comme par une main invisible, au milieu d'un liquide, n'est pas un résultat moins significatif qu'un rhomboèdre de vitriol vert.

Traité de même, le sulfate de potasse (*sel de duobus* des pharmaciens), que vous pouvez vous procurer aisément, vous donnera des résultats d'un autre genre : des prismes courts, à six pans, ou, si vous voulez, des dés oblongs, terminés par une pyramide à six faces. A la température ordinaire, cent parties d'eau, dissolvent un peu plus de dix parties de ce sel. A la température de 100°, elles en dissolvent vingt-six parties. Vous pouvez donc opérer par refroidissement tout aussi bien que par évaporation. Vous pouvez soumettre à la même épreuve le *borax* (sous-borate de soude (1) des chimistes), que vous trouvez chez les épiciers sous une apparence semblable à celle de l'alun. La propriété qu'il a de dissoudre les oxydes (2) le fait employer par les chimistes pour reconnaître, à la flamme de la lampe, la nature d'un oxyde d'après la couleur de la dissolution. Le sulfate de fer ou vitriol vert, le sulfate de cuivre ou vitriol bleu, le sulfate de zinc ou vitriol blanc,

(1) Composé d'acide borique et de soude. L'acide borique est une combinaison d'un corps simple appelé *bore* et d'oxygène.

(2) C'est ce que l'on exprime lorsque l'on dit que c'est un *fondant*. La fusion a lieu à la température à laquelle le fer rougit.

peuvent varier, sans grande dépense, votre collection cristalline.

Je ne puis énumérer toutes les substances qui se peuvent trouver à votre portée. Tentez, par exemple, de faire pour le sucre ce que vous venez de faire pour le sel. La solution, pour être saturée, doit avoir la consistance de sirop; vous pouvez l'obtenir assez rapidement, en faisant chauffer de l'eau fortement sucrée, dans un pot, jusqu'à ce que le liquide soit arrivé par évaporation à cette consistance; vous le versez ensuite dans une petite terrine ou dans un bol évasé et le laissez évaporer lentement. Au bout de plusieurs jours, de plusieurs semaines, vous trouvez des cristaux à dix faces, des décaèdres, figurant en petit deux demi-livres de chocolat en tablettes, accolées par la base. Vous avez le sucre sous la forme même où vous le montre le *sucre candi*. Le sucre candi n'est autre chose que le sucre cristallisé par évaporation, à la chaleur d'une étuve. Comme les cubes du sel gris, les décaèdres du sucre candi auraient dû tourner plus tôt notre attention vers les formes cristallines. Bien des personnes peut-être, en voyant ces chapelets de dés tronqués, traversés par un fil, auront pensé qu'ils étaient sortis d'un moule ; cependant il n'est pas rare de voir exposer à la porte des confiseurs ou des droguistes des beaux groupes de sucre candi blanc ou coloré, qui, par le dehors, gardent l'empreinte du bassin dans lequel la masse liquide ou sirpeuse a été évaporée ; de même qu'il n'est pas rare de voir chez les pharmaciens des cristallisations azurées de sulfate de cuivre.

Mais d'où vient le fil qui traverse les grains décaédriques des chapelets de sucre candi ? Vous n'aurez pas fait trois ou quatre tentatives de cristallisation, sans avoir eu l'occasion de l'apprendre. Vous aurez remarqué, en effet, que la solidification cristalline, qui n'est pas due seulement à la déperdition de liquide, mais qui est due surtout à la déperdition de calorique (1), — que cette solidification,

(1) Pour que le liquide dissolvant, pour que l'eau passe de l'état liquide à l'état de vapeur invisible, pour que l'eau s'*évapore*, il s'emploie une certaine quantité

dis-je, a surtout lieu sur les corps solides qui se trouvent dans la solution : sans doute parce que la conductibilité de ces corps permet, de ce côté, une soustraction de calorique plus rapide. Cette propriété, qui, vous le voyez, permet aux cristaux de sucre de prendre leur forme de décaèdre plus librement que sur les parois du vase, a été mise à profit par les fabricants; la solution, sous forme de sirop épais, est versée par eux sur les fils tendus horizontalement en travers des bassins ou cristallisoirs; puis soumise, par une forte température, à une évaporation lente. C'est un procédé qu'il vous est facile d'imiter, non-seulement à l'égard du sucre, mais, à l'égard de l'alun, du sulfate de fer, du

de calorique, laquelle reste à l'état latent dans cette vapeur; tout comme il s'emploie une certaine quantité de calorique lorsqu'une substance solide passe à l'état liquide. Mais comment le liquide dissolvant, comment l'eau acquiert-elle cette quantité de calorique qu'il lui faut absorber pour qu'elle s'évapore? — Aux dépens de la substance qu'elle tenait dissoute. Pendant que l'eau s'évapore, la substance qu'elle tenait dissoute se solidifie; ces deux faits sont simultanés, et répondent, si l'on peut dire, à un seul et même *acte* du calorique.

sulfate de cuivre. Les fabricants de ces derniers sulfates mettent aussi ce procédé en pratique : ils plongent, dans la dissolution saturée de ces sels, de petits bâtons sur lesquels les cristaux s'appliquent et qui servent en même temps à les retirer. Plongez un fil avec un petit poids, ou bien une baguette de verre dans une dissolution d'alun saturée à chaud, et voyez quels cristaux se déposent aussitôt dessus. Replongez-les ensuite ; vous voyez croître ces cristaux, sans observer de ligne de démarcation entre la première et la seconde formation.

Ce dernier résultat vous conduit (comme, du reste, a déjà dû le faire, dans une autre circonstance, le résultat produit en versant de nouveaux de la dissolution saturée sur les cristaux qu'une première couche de ce liquide avait laissés en s'évaporant), ce dernier résultat vous conduit à présenter, à une dissolution saturée qui s'évapore, non plus un corps étranger, non plus même une multitude confuse de petits cristaux, mais un cristal bien distinct. Vous êtes assurés d'avance de pouvoir, avec quelques soins, l'y faire croître à volonté.

S'agit-il d'un sel plus soluble à chaud qu'à froid; vous le dissolvez dans l'eau, puis vous concentrez la dissolution sur le feu, par évaporation, jusqu'à ce que le plus simple refroidissement produise des cristaux; lorsque la dissolution, mise de côté, est parfaitement froide, vous séparez l'eau-mère, des cristaux formés. Cette eau-mère est le liquide que vous emploierez pour la cristallisation subséquente. Ces précautions préliminaires, inutiles pour les sels qui sont également solubles à chaud et à froid, pour le sel ordinaire, par exemple, — reviennent à dire que la cristallisation subséquente doit être obtenue exclusivement par évaporation. Une partie de la solution, soit de l'eau-mère (pour les sels plus solubles à chaud qu'à froid), soit de l'eau saturée directement (pour les sels qui sont à peu près dans le cas du sel ordinaire), — une partie de la solution, dis-je, est versée dans un vase plat, et laissée parfaitement en repos. Au bout de plusieurs jours, des cristaux se produisent.

Vous choisissez les plus réguliers d'entre eux et les mettez dans un autre vase plat, à quelque distance les uns des autres; puis vous versez, dessus, de la solution. Il faut changer avec une pointe de verre, au moins une fois par jour, la position de ces cristaux ; autrement le côté qui touche le vase ne recevrait pas d'accroissement. Lorsque les cristaux vous paraissent d'une forme bien distincte, vous mettez l'un d'eux à part, dans un vase rempli du même liquide, et le tournez plusieurs fois par jour. Vous obtenez ainsi les dimensions que vous désirez. Il est indispensable que le liquide soit toujours saturé : autrement il se saturerait aux dépens des cristaux, qui rapetisseraient ainsi au lieu de grossir.

Il est un autre effet que vous pouvez observer, en plongeant un cristal dans une dissolution. Faites dissoudre vingt grammes de salpêtre et trente grammes de sel de Glauber dans cinquante grammes d'eau tiède. Versez la solution dans deux flacons qui en soient également pleins, et introduisez dans l'un de ces flacons un cristal de salpêtre, et, dans l'autre, un cristal de sel de Glauber, il ne se formera, par le refroidissement, dans les premiers flacons, que des cristaux de salpêtre; et, dans le second, que des cristaux de sel de Glauber.

Qu'une petite quantité de sulfate de nickel en solution, avec un léger excès d'acide, soit concentrée par évaporation à la chaleur d'une lampe, dans un verre de montre, elle donnera par le refroidissement un grand nombre de très-petits cristaux. Que cette croûte de petits cristaux soit laissée en repos, avec son eau-mère, pendant plusieurs semaines, dans un lieu sujet aux changements atmosphériques de température, son aspect changera peu à peu; les plus petits cristaux disparaîtront; les plus grands grossiront jusqu'à ce qu'il n'en reste plus qu'un seul ou, du moins, un très-petit nombre. Cet effet, qui s'observe également avec d'autres substances plus solubles à chaud qu'à froid, tient à ce que les petits cristaux présentent beaucoup plus de surface, à proportion de leur masse, que les grands, et qu'il s'en

dissout davantage lorsqu'un léger exhaussement de température vient à augmenter
la solubilité du sel.

Vous pouvez traiter, par le refroidissement, des solutions des diverses substances que nous avons citées, même celle de
sel ordinaire, ne fût-ce que pour être
témoins de ce que nous en avons dit. Le
salpêtre et l'*alun* ne sont pas rares; deux
ou trois sous de l'un et de l'autre vous suffisent. Le salpêtre vous donnera des
prismes à six pans inégaux, terminés par
des pyramides à six faces inégales (1).
L'alun vous donnera des cristaux qui
figurent deux pyramides à quatre faces
accolées par la base, c'est-à-dire des solides à huit faces obliques; ou, comme on
dit en un seul mot, des *octaèdres*. Vous
ne verrez pas sans étonnement que chacune de ces huit faces, est un triangle
égal aux sept autres, et que, dans cette
figure naturelle, tous les bords sont égaux;

(1) « On obtient, dit *Berzelius* (tome Ier, page 455),
des cristaux de salpêtre d'un volume extraordinaire et
d'une forme parfaite en dissolvant ce sel dans *l'eau de
chaux* bouillante, qui ne produit toutefois le même effet
sur aucun autre sel. »

en un mot, que l'octaèdre est ici un *octaèdre régulier* (1). La dissolution est-elle fortement concentrée, c'est-à-dire l'eau est-elle portée à une haute température, et y ajoutez-vous de l'alun à mesure que vous augmentez la température, autant que cette eau peut en dissoudre : — vous avez le même résultat que si vous hâtiez le refroidissement; la matière dissoute se prend en une seule masse, qui résulte de l'accumulation des petits cristaux qui se sont formés instantanément, et qui donnent à l'ensemble une apparence granulaire. Si vous isolez les uns des autres les grains qui composent cette masse, vous voyez que ce sont autant d'octaèdres réguliers plus ou moins altérés à leur point de soudure ou même tout à fait réguliers, si vous les isolez au moment où la masse garde encore quelque humidité.

Le *sel d'oseille* (oxalate de potasse des chimistes) vous donnera aussi un octaèdre, mais un octaèdre dont les sommets sont profondément tronqués.

(1) Voyez l'octaèdre régulier, figuré ci-après.

Un autre sel qu'il vous est facile de vous procurer, c'est le purgatif nommé par les pharmaciens *sel de Glauber*. Vous avez vu combien sa solubilité varie avec la température; vous agirez avec lui d'après ces observations. Il vous donnera, par le refroidissement, des prismes à six pans, cannelés, et terminés par des sommets à deux faces ou dièdres.

L'acétate de plomb (composé d'acide acétique ou de vinaigre, et d'oxyde de plomb), autrement dit *sel de Saturne*, donne, par le refroidissement, de petites aiguilles blanches, brillantes, satinées, qui sont des prismes à quatre pans terminés par des sommets dièdres.

Il est un autre sel que vous avez eu occasion de voir cristallisé; je veux parler de ces grains brillants qui se déposent sur les douves de tonneaux, et qui sont autant de petits cristaux; ces grains, séparés de la matière colorante de la lie de vin, sont dès-lors appelés tartre blanc ou crême de tartre (1). Vous pouvez vous

(1) C'est un composé d'acide tartrique et de potasse; un tartrate de potasse. L'acide tartrique est lui-même

procurer du tartre à bon marché chez les épiciers, en saturer une solution à chaud, et observer, à son égard, les résultats, soit du refroidissement, soit de l'évaporation. Vous trouverez dans le Tableau des variations de solubilité, que soixante parties d'eau dissolvent une partie de ce sel, à la température ordinaire, et quatre parties, à la température de l'eau bouillante. Laissez évaporez lentement, sous un papier criblé de trous, quelques gouttes de vin sur un éclat de vitre ou dans un verre de montre : de petits cristaux se déposent, que vous reconnaissez à la loupe.

Une plus longue liste des sels que vous pouvez dissoudre pour en observer la solidification cristalline, serait ici superflue.

un composé de carbone, d'oxygène et d'hydrogène. Chauffez ce tartrate au feu de forge dans un canon de pistolet; des vapeurs vertes se dégagent qui, par l'introduction d'une tige métallique froide, se déposent en gouttelettes semblables à du vif argent. Ces vapeurs vertes sont du *potassium gazeux*. Ces gouttelettes sont du potassium solide qu'il faut plonger immédiatement dans de l'huile de naphte, si l'on vo t le contenu. Dans cette opération, le carbone et l'hydrogène de l'acide tartrique s'approprient l'oxygène de la potasse qui est un oxyde de potassium; et le potassium reste libre.

Une fois votre attention dirigée de ce côté, vous ne manquerez pas d'occasions de multiplier et de varier ces faciles expériences.

———

Entre les circonstances qui influent très-sensiblement sur la cristallisation, j'ai déjà cité, en passant, le mouvement communiqué au liquide, soit en l'agitant avec une baguette, soit en frappant le vase qui le contient : je n'y reviendrai pas. C'est un fait que vous pouvez observer sur les dissolutions d'alun, qui souvent ne cristallisent pas, bien que suffisamment évaporées, et chez lesquelles la solidification commence à l'instant où quelque mouvement est imprimé à la masse liquide.

Une autre influence que vous pourrez remarquer, c'est celle de la lumière : ne laissez venir le jour sur une dissolution que par un point, tous les cristaux sembleront se diriger de ce côté. « C'est, dit M. *Raspail* (1), que c'est par là que s'est

(1) *Nouveau système de chimie organique*; seconde édition; tome III, page 748.

établi le courant qui a déterminé la soustraction du calorique. »

Cet effet est surtout remarquable avec les sels qui se répandent sur les parois du vase qui contient la solution, et au dehors, en une sorte de végétation ; surtout lorsque la solution est très-étendue. Que la lumière ne leur arrive que par un seul côté ; c'est de ce côté que la solidification aura lieu ; de ce côté que se porteront les branches et les ramilles. Quant au secret de cette végétation, il consiste en ce que les cristaux déposés sur les parois du vase au fur et à mesure de l'évaporation du liquide, se trouvant au niveau et au-dessus de celui-ci, font, peu à peu, pour le reste de la solution, office de tubes capillaires, puis ensuite de siphon. Vous pouvez en faire l'épreuve avec la potasse ordinaire, le salpêtre, le sulfate de zinc, et surtout le sulfate de potasse. Une manière facile d'obtenir de ces végétations salines, c'est de plonger une petite baguette de sapin dans une dissolution de sulfate de potasse ; le liquide monte le long des fibres du bois et ne tarde pas à former, au sommet, une sorte de feuillage qui figure un arbre couvert de neige.

Il est des cristallisations qui semblent ne pouvoir s'opérer qu'à l'abri de la lumière : telle est celle de l'*oxalate de chaux* (composé d'acide oxalique ou d'o-seille, et de chaux). Cet oxalate, qui ne cristallise pas dans les laboratoires, du moins d'une manière appréciable au microscope, mais se précipite en poudre fine, — cristallise dans les tubercules d'iris comme l'a découvert M. *Raspail*.

———

Avant de quitter les solutions aqueuses, nous devons noter un fait qui joue un grand rôle dans leur cristallisation : c'est que l'eau, après avoir reçu, à l'état de liquide invisible, la substance dissoute, — entre, invisible à son tour, dans la composition de cette substance lorsqu'elle se solidifie. Le chimiste dont je viens de vous citer l'opinion touchant l'influence de la lumière sur la cristallisation, pense que la molécule d'eau, qui était précé-demment le centre de la dissolution,

devient, lorsque la liquéfaction cesse, le
centre de la cristallisation. « Dans toute
espèce de groupes de cristaux, écrit-il, il
est facile de remarquer un point central,
qui est le point de départ de tout l'ensemble. Il apparaît, au microscope, comme un
point noir... » Il va sans dire qu'il s'agit
ici de la cristallisation à son début; de la
cristallisation microscopique. La vérifica-
tion de cette observation exigerait, de
votre part, des instruments qui ne sont
pas encore à votre disposition; ce n'est
pas seulement du microscope que je veux
parler, c'est aussi des connaissances que
son fructueux emploi suppose. Je me bor-
nerai à vous dire que cette eau, qui entre
ainsi dans la composition des cristaux et
contribue à leur formation, prend le nom
d'*eau de cristallisation*. M. Berzélius fait
remarquer que l'expression d'eau *chimiquement combinée* serait plus convenable.
La proportion de cette eau varie beaucoup
d'un sel à un autre, sans varier pour le
même sel. Quelques sels se combinent, il
est vrai, avec des proportions d'eau différentes; mais ils prennent, dans ce cas,

des formes différentes. On obtient ces différences en opérant la cristallisation à des températures différentes.

Il ne faut pas confondre l'eau de cristallisation, laquelle n'est sensible qu'aux épreuves chimiques, avec la portion d'eau-mère qui remplit parfois les cavités qui restent entre les groupes de gros cristaux. C'est en grande partie pour éviter ce dépôt d'eau-mère que les solutions de salpêtre sont contraintes, par une agitation continuelle, de se prendre en une masse de petits cristaux confusément agrégés. Les minéralogistes ne considèrent pas non plus comme eau de cristallisation, la portion d'eau dont l'évaporation rapide produit le pétillement ou la décrépitation du sel que l'on jette sur les charbons ardents ou sur une pelle rouge. Un observateur dont nous aurons, tout à l'heure à parler, l'abbé Haüy, s'est assuré que le sel gemme, le sel minéral si l'on peut dire, tel qu'on le trouve en masse dans les mines polonaises de Willicska, celui de Cardona (en Espagne), celui de Bex (en Suisse), celui d'Arabie, ne décrépite ni sur les charbons ardents ni à la flamme d'une bougie; qu'il y subit seulement ce que les chimistes appellent la fusion aqueuse (1), « ne contenant, dit-il, d'autre eau que l'*eau* dite *de cristallisation*. »

Certains cristaux n'ont pas besoin de la fusion aqueuse pour perdre peu à peu leur eau de cristallisation et deviennent opaques, à la température ordinaire, tout en gardant leur forme : tels sont, à des degrés différents, le sulfate de zinc, le sulfate de fer, le sulfate de cuivre. Ceux qui contiennent beaucoup d'eau perdent leurs formes et se résolvent en poudre blanche : tels sont le sulfate de potasse et la potasse ordinaire.; tel est encore le salpêtre que vous voyez sur les murailles autour des étables, dans les caves, dans les passages obscurs. Ces sels sont désignés sous le nom de *sels efflorescents* (2).

(1) Le sucre qui fond, au feu, est un autre exemple de *fusion aqueuse ;* le salpêtre, la potasse ordinaire, l'alun, vous présentent le même fait.

(2) D'autres sels, appelés *déliquescents*, au lieu de perdre leur eau, en acquièrent aux dépens de l'air; ceux-là ne prennent et ne gardent de formes cristallines que dans le vide. Telle est la potasse pure.

Jusqu'ici nous n'avons parlé que de solutions aqueuses, comme si l'eau était le seul dissolvant ; beaucoup d'autres liquides peuvent être substitués à l'eau. L'esprit-de-vin (le dissolvant des résines, des huiles essentielles) peut être employé pour la cristallisation de la potasse pure. L'éther dissout plus facilement les résines et les huiles que ne fait l'esprit-de-vin, et le caoutchouc parfaitement. L'acide acétique (le vinaigre), l'acide nitrique, le chlore, dissolvent les phosphates et les borates, L'acide chlorhydrique dissout le sulfate de plomb ; l'acide nitrique dissout tous les nitrates.

Parmi les dissolvants alcalins, l'ammoniaque est celui dont l'emploi est ici le plus fréquent, à cause de la facilité avec laquelle il s'évapore ou se volatilise ; de là son nom d'alcali volatil. Il dissout, entre autres choses, le *chlorure d'argent,* et vous permet de l'obtenir sous forme cristalline. Vous pouvez l'essayer sur une petite quantité de ce chlorure, ayant soin de le tenir à l'abri de la lumière, si vous ne voulez observer le changement de couleur que la lumière lui fait subir. Nous verrons tout à l'heure le moyen de nous le procurer.

Les métaux ne se dissolvent dans l'eau ou les acides qu'à l'état d'oxydes, ou de sels (c'est-à-dire, dans le plus grand nombre de cas, à l'état d'oxydes combinés avec des acides) : nous l'avons vu à l'égard du sulfate de fer. Comme dans cet exemple, c'est le plus souvent aux dépens de l'eau, que l'oxygène est fourni aux métaux.

Si l'union du liquide dissolvant ou, comme disent les chimistes, du *menstrue*, avec la substance dissoute est un fait inhérent à la cristallisation des dissolutions, ce fait doit se reproduire alors que le menstrue n'est plus l'eau; lorsque c'est un acide, un alcali, l'éther, l'esprit-de-vin. Si la cristallisation a lieu dans un acide, on aura un acide de cristallisation; si elle a lieu dans un alcali, un alcali de cristallisation; si c'est dans un éther, un éther de cristallisation. Dans cette circonstance inaperçue, gît, selon M. Raspail, le mot d'une foule d'énigmes dont les chi-

mistes étaient tentés de chercher l'expli-
cation ailleurs.

Si la température à laquelle la cristallisation a lieu et la variation qui s'ensuit
dans la proportion de *menstrue de cristallisation*, fait varier les formes cristallines,
— la nature du liquide doit y influer
aussi. M. Beudant fait observer, à cet
égard, que le sel ordinaire, en cristallisant
dans une solution d'acide borique, a pris
constamment, dans ses expériences, la
forme d'un cube dont les huit angles
auraient été coupés; ce qui est, comme
nous le verrons tout à l'heure un achemi-
nement à la forme octaédrique de l'alun.
L'alun, ajoute-t-il, en cristallisant dans
l'acide nitrique, a pris constamment la
même forme, seulement les huit angles du
cube semblaient avoir été coupés plus
profondément; de sorte qu'il s'en fallait
de fort peu que les six faces du cube
eussent disparu et que les huit faces que
prend l'alun dans l'eau pure, restassent
seules. En cristallisant dans l'acide chlorhydrique, l'alun présente une figure à
vingt faces, un icosaèdre, qui varie quand

on ajoute de l'alumine à la liqueur. Pour faire varier la cristallisation de plusieurs sels, il suffit d'ajouter quelques gouttes de leur acide à leur solution dans l'eau pure, ou d'en soustraire une partie. En ajoutant un peu d'acide sulfurique à une solution de sulfate de fer, on obtient toujours des formes plus compliquées. En ajoutant, au contraire, à une solution d'alun un sel qui puisse s'emparer d'une portion de son acide, — en y ajoutant du carbonate de chaux, par exemple (de la craie), — on obtient facilement des cristaux d'alun, non plus en octaèdre, mais en cube ; c'est-à-dire pareils à ceux du sel ordinaire.

L'influence des substances non pas seulement mélangées, mais chimiquement combinées, n'est guère moindre. Ainsi, par exemple, le sulfate de fer mélangé de sulfate de cuivre, prend, presque toujours, la forme d'un prisme oblique à base en losange. Le sulfate de zinc produit avec le sulfate de fer un résultat tout autre, et le fait cristalliser en prisme analogue dont le losange aurait son angle aigu profondément tronqué. Le sel ordinaire dissous dans un liquide qui contienne de l'urée (sel principal de l'urine), le sel ordinaire dissous dans l'urine, par exemple, cristallise non plus en cube, mais en octaèdre. Le sel ammoniac qui dans l'eau pure cristallise en octaèdre, — cristallise, au contraire, dans l'urine, en cube. De l'alun (sulfate d'alumine et de potasse) qui cristallise, comme vous l'avez vu, en octaèdre, dans l'eau pure, prend la forme cubique, quand il cristallise dans une solution de sulfate simple d'alumine, assez concentrée pour qu'il en entraîne une partie.

Je vous ai dit ci-dessus (pag. 19) que l'eau, après avoir été saturée par un sel, pouvait encore en dissoudre un autre, souvent même en aussi grande quantité que l'eau pure. Si le sel que l'on fait ainsi dissoudre dans un liquide déjà saturé par un autre sel, est plus cristallisable que celui-ci, il arrive qu'il cristallise non plus sous sa forme ordinaire, mais sous la forme qui appartient à l'autre sel. Si vous saturez l'eau de nitrate de chaux et y faites ensuite dissoudre jusqu'à saturation, du nitrate de potasse (du salpêtre), — ce dernier prend la forme rhomboédrique qui est celle du nitrate de chaux ; tandis que, dans l'eau pure, il cristallise en prisme rectangulaire. « J'ai obtenu aussi, dit M. *Beudant*, le nitrate de potasse en rhomboèdre, en le faisant cristalliser dans un liquide qui renfermait beaucoup de nitrate de soude ; réciproquement, j'ai obtenu le nitrate de soude en cristaux prismatiques, en le faisant cristalliser dans une solution qui renfermait beaucoup de nitrate de potasse. Le sulfate de fer, ajoute ce savant professeur, a cristallisé en octaèdre régulier dans une solution qui renfermait à la fois beaucoup d'alun et de sulfate de magnésie. M. *Wolner* a obtenu aussi des cristaux de sulfate de fer en octaèdre, dans des eaux-mères qui renfermaient du sulfate de magnésie, du sulfate d'alumine et de l'hydrochlorate de fer (1). »

Nous avons vu tout-à-l'heure un cristal grossir, en conservant sa forme, dans une

____

(1) Ou chlorhydrate de fer.

dissolution semblable à celle aux dépens
de laquelle il s'est formé. Transportons-le
dans une dissolution différente : nous l'y
verrons grossir aussi ; seulement, dans ce
cas, il ne conserve pas, en grossissant, la
même forme. Il n'est pas de sel qui présente, sous ce rapport, de résultats plus
frappants que l'alun. Mettez un cristal
octaèdre d'alun dans une solution où l'a-
lun cristallise en cube : ce cristal conti-
nuera de s'accroître, mais deviendra peu-
à-peu un cube. Placez-le dans une solution ordinaire d'alun : il grossit et redevient un octaèdre. Transportez-le dans de
l'acide chlorhydrique : il grossit encore
et devient un icosaèdre. Le sulfate de fer
peut vous fournir des résultats non moins
curieux (1)

(1). Ces résultats et beaucoup d'autres analogues qui
ont été jusqu'à présenter à M. *Beudant* la même substance sous trois formes différentes (par une solution
pure à une température élevée, — par une solution pure
à une température basse, — par une solution renfer-
mant d'autres sels), ces résultats ont conduit ce célèbre
minéralogiste à penser « qu'il pourrait bien se faire que
la cristallisation fût indépendante des substances cris-
tallisables, et ne fût que la résultante des *forces plas-*

Les précipitations nous fournissent un
moyen de plus de produire des cristaux.
Dans le plus grand nombre de cas, il est
vrai, le précipité ne présente qu'un amas
indistinct d'une poudre fine; mais assez
souvent aussi, cette poudre affecte des
formes planes et anguleuses, détermina-
bles au microscope; des formes cristallines. Si vous versez de l'alcool, dans une
eau saturée, à froid, de salpêtre, — le sel
tenu en dissolution, abandonné par l'eau
qui se combine avec l'alcool, est précipité
sous la forme de cristaux excessivement
fins. Vous pouvez tenter le même essai
avec une solution concentrée d'alun, de
sulfate de cuivre et de beaucoup d'autres
sels. Versé sur une solution de chaux (sur
de l'*eau de chaux*) l'acide tartrique produit un précipité qui affecte des formes

liques de la solution. » *Traité élémentaire de minéralogie*; tome 1er, page 206.

Comme le chimiste cité ci-dessus (page 61) M. Beudant est amené, par ces exemples, à donner, dans le
fait de la cristallisation, le premier rôle à la solution.
Faut-il dire qu'en nous la représentant comme maniant
et pétrissant les cristaux, M. Beudant ne voit autre
chose qu'une forme abréviative et pittoresque dans
cette expression de *forces plastiques.*

cristallines reconnaissables au microscope. Cet acide décèle ainsi, au premier coup-d'œil, la présence de la chaux dans un liquide.

Les métaux sont insolubles dans l'eau et ne sont réellement solubles, à l'état métallique, que les uns dans les autres; ainsi le mercure à la température ordinaire, dissoudrait l'argent ou l'or que vous y jetteriez, comme l'eau dissout le sel de table (1). Le plomb, à la température de la fusion, dissout le platine, l'un des métaux les plus difficiles à fondre : une cuillère de platine serait percée par du plomb fondu. Le résultat de cette solubilité, est appelé *alliage*. L'alliage prend le nom d'*amagalme* quand le mercure est l'un des métaux alliés (2).

(1) Qu'une gouttelette de mercure tombe sur un chandelier d'argent, d'abord elle le mouille, elle s'y applique comme l'eau même, puis aussi elle le ronge. Que l'argent dissous dans le mercure, associé, combiné avec lui, soit porté à une haute température, à la température de 300°, par exemple, le mercure est volatilisé et l'abandonne. C'est sur ces faits que repose l'exploitation des mines d'argent d'Amérique. — Sur le cuivre, l'effet est le même. Mais il n'est pas le même sur le fer, sur le platine.

(2) L'alliage ne résulte pas de ce que les métaux alliés

C'est à l'état d'oxydes ou de sels, que les métaux deviennent solubles dans l'eau et les acides (1). Peut-être, pensez-vous, entre les diverses manières de *réduire* ces oxydes ou ces sels, c'est-à-dire de les ramener à l'état métallique, y en a-t-il qui nous donneront les métaux avec une structure cristalline. L'argent est précipité de ses solutions salines en y plongeant du cuivre, pour qui l'oxygène ou l'acide ont plus d'affirmité. Le cuivre est

se trouvent à l'état liquide en même temps (l'eau et le mercure sont en même temps à l'état liquide, sans *alliage*), mais de ce qu'ils forment un mélange homogène ; en un mot, une véritable dissolution.

Les métaux ne sont pas les seuls corps simples dans lesquels un métal se dissolve, c'est-à-dire avec lesquels il s'allie ou se combine. Le soufre, par exemple, qui est l'un des *corps simples*, c'est-à-dire *indécomposés* dans l'état actuel de la chimie, — dissout le fer, comme vous pouvez vous en assurer en présentant à un bâton de soufre une tringle de fer rougie : vous la voyez coupée en deux, à l'instant, comme par enchantement. Les sulfures de plomb (galène), de zinc (blende), de cuivre, d'argent, de mercure (cinabre ou vermillon), d'arsenic (réalgar) d'antimoine, de cobalt, de bismuth, vous montrent assez que le fer n'est pas le seul métal que le soufre dissolve.

(1) Parmi les oxydes métalliques, il en est qui cristallisent au moment même de leur formation ; tel est le protoxyde de fer formé par la décomposition de l'eau que l'on fait passer en vapeur sur du fer rougi dans un tube de porcelaine.

précipité de ses solutions, par le fer, comme l'atteste la petite pellicule jaune ou rougeâtre qui recouvre la lame de canif que vous trempez dans l'encre. Le plomb est précipité de ses solutions, par le zinc. Dans tous ces cas, si la solution n'est pas trop concentrée et si l'on permet à la précipitation de s'opérer très-lentement, le précipité métallique est obtenu sous des formes cristallines, qui, malheureusement, échappent le plus souvent à la vue simple.

Vous pouvez tenter, sans grand'dépense, d'obtenir l'argent cristallisé dans une légère solution de *nitrate d'argent*. Vous pouvez vous procurer pour quelques sous une petite quantité de ce nitrate chez les fabricants de produits chimiques, ou même le fabriquer vous-mêmes, en recouvrant une pièce de vingt centimes, d'acide nitrique (1). C'est, vous le savez, ce sel qui constitue ce qu'on appelle la *pierre*

---

(1) Ce nitrate, dans une solution de sel ordinaire (de chlorure de sodium), vous donne un précipité de *chlorure d'argent*; de ce chlorure qui ne reste blanc qu'à l'abri de la lumière.

infernale. Versez, sur un éclat de vitre, quelques gouttes d'une solution légère de nitrate d'argent; couchez-y un brin de fil de cuivre, et laissez le tout en repos. — Vous verrez bientôt une brillante cristallisation d'argent métallique apparaître sur le verre, auprès du fil de cuivre, et augmenter peu-à-peu, jusqu'à ce que toute l'eau soit évaporée, et le cuivre converti en nitrate.

Un morceau de phosphore dans une dissolution de nitrate d'argent, se couvre, au bout de quelques jours, d'une couche d'argent métallique cristallisé. A défaut de nitrate d'argent, vous pouvez éprouver cet effet du phosphore sur du sulfate de cuivre.

De tous les exemples de ce genre, le plus facile à tenter et l'un des plus brillants, c'est la *réduction* d'une solution saline de plomb, par le zinc. Il faut vous procurer, chez le pharmacien, pour quelques sous d'acétate de plomb (composé d'acide acétique ou de vinaigre et d'oxyde de plomb), autrement dit *sel de Saturne*. Vous dissolvez trente grammes de cet acétate en poudre dans un litre d'eau ; vous filtrez la dissolution et vous en remplissez un bocal ; puis vous suspendez dans le liquide une lame ou une boule de zinc à un fil de fer qui traverse le bouchon. Vous laissez ensuite le bocal en repos. Au bout de vingt-quatre heures, vous voyez une superbe végétation métallique sur le zinc, en forme d'arbre renversé : c'est le plomb réduit, tandis que le zinc s'oxyde. Cette cristallisation remarquable prend, dans les livres de récréations chimiques, le nom d'*arbre de Saturne.*

Les courants électriques offrent une autre mode de réduction des sels métalliques. Dans les solutions salines de métaux, mises en contact avec les deux extrémités ou les deux pôles de la pile, l'oxygène et les acides se portent vers l'extrémité positive et le métal à l'extrémité négative. Lorsque le courant est très-énergique, le métal se dépose en amas indistinct ; mais il en est autrement lorsque le courant électrique est excessivement faible et se continue pendant très-longtemps ; le métal présente alors des faces planes et angulaires; en un mot, il se précipite sous forme cristalline. Il faut des jours ou plutôt des mois et d'années pour obtenir ainsi des cristaux d'un à deux millimètres. La lenteur de l'opération ne doit pas vous décourager. Je ne vous dirai pas de vous procurer, de cette manière, tous les métaux cristallisés, comme M. Becquerel est parvenu à le faire; mais, du moins, pourrez-vous tenter de vous en procurer quelques-uns.

Nous avons vu tout-à-l'heure des solutions par un liquide et le calorique. Nous avions vu précédemment des solutions par un liquide seul; tout en notant que, dans ces solutions même, le calorique joue un rôle, quoique peu apparent. Nous allons voir à présent des solutions opérées par le calorique seul, et observer les formes cristallines qui se montrent lors de sa soustraction.

Parlons d'abord de cet état de solution par le calorique ou de liquéfaction, que l'on désigne communément sous le nom de *fusion*.

Nous pouvons prendre le *soufre* pour exemple. Il fond, comme vous savez, à une température assez peu élevée ; entre 108° et 110° : passant brusquement, à cette température, de l'état solide à l'état liquide. Il est, en outre, facile de nous en procurer. Deux ou trois sous de soufre en bâton ou en canon, c'est-à-dire tel qu'il est, après avoir été coulé dans des moules de bois cylindriques, suffisent ici pour nos observations. Faisons-le fondre, dans un pot de terre, je suppose, en ayant soin toutefois de ne pas porter la température trop haut; car, à partir de 160°, nous le verrions rougir en s'épaississant, puis brunir (1), et un peu au-delà de 200°, il deviendrait tellement épais, que nous pourrions renverser le pot, sans qu'il s'é-

(1) Versez ce soufre dans de l'eau froide : vous avez une substance brune et visqueuse qui ne redevient semblable au soufre ordinaire qu'au bout de plusieurs jours. Chauffez ce soufre brun et traitez-le comme nous allons traiter le soufre ordinaire, vous obtenez des cristaux de forme pareille, dont la couleur chocolat foncé se change peu-à-peu en chocolat blanchâtre, puis en jaune grisâtre, puis en jaune citron.

coulât. En outre, si nous laissions trop chauffer le pot de terre, le soufre se combinerait avec l'oxygène de l'air et formerait un corps gazeux, celui-là même qui s'élève d'une allumette soufrée, que l'on allume, avec cette odeur piquante et suffocante que vous connaissez : le gaz acide sulfureux. Pour que la fusion soit moins lente et n'entraîne ni formation de soufre visqueux (lequel, du reste, redevient jaune, en revenant à la température de 108 à 110 degrés), ni formation d'acide sulfureux, — il faut briser le bâton de soufre ou même le réduire en poudre, avant de le mettre dans le pot de terre et l'y remuer pendant qu'il chauffe; car le soufre est un mauvais conducteur du calorique : la partie inférieure pourrait être à la température de 200°, avant que la partie supérieure fût de dix degrés au-dessus de la température ordinaire. Lorsque le soufre est fondu, nous plaçons le pot de terre sur une petite terrine pleine de grès en poudre, auquel il communiquera peu-à-peu sa chaleur, de façon que la partie inférieure du soufre restera plus

longtemps liquide que la surface. Obser-
vez ce qui se passe à la surface; voyez
ces aiguilles qui semblent s'avancer peu-
à-peu, en s'allongeant dans une direction
toujours la même; se croisant et se rejoi-
gnant. Lorsqu'une croûte solide est formée, vous y faites avec une pointe de
verre chaud deux trous près du bord, à
deux points opposés, et faites rapidement
écouler le liquide par l'un de ces trous, en
retournant le pot de terre. Lorsque ensuite
vous regardez à l'intérieur, vous le trouvez tapissé de longs prismes ou petits bâtons à quatre pans, à base en losange.
L'écoulement du liquide serait encore
plus facile avec un pot de terre ou un
creuset percé par le bas, dont vous dé-
boucheriez l'orifice après la solidification
de la surface du liquide; encore faudrait-
il percer cette croûte, afin que la pression
de l'air sur le liquide fît équilibre à la
pression de l'air en dessous. Vous pouvez
vous procurer facilement un ou deux
creusets disposés de cette façon et les employer à la fusion et à la cristallisation
des métaux les plus faciles à fondre.

Les cristaux de soufre obtenus par voie de fusion sont d'abord transparents; mais, au bout d'un certain temps, ils deviennent opaques. Il n'en est pas de même de ceux qui sont obtenus par solution.

Vous pouvez vous en assurer avec un liquide qui dissout parfaitement le soufre et qui, s'évaporant facilement, vous le laissera bientôt sous forme cristalline. Ce liquide, nommé *sulfure de carbone*, est un composé de soufre et de charbon, tout-à-fait incolore, répendant une odeur assez peu agréable de choux pourris. Exposé à l'air dans un vase découvert, il se volatilise très-promptement. Dissolvez-y du soufre en poudre. Vous voyez, pendant que le sulfure de carbone s'évapore, se former incessamment des cristaux qui conserveront leur transparence. Ils diffèrent, par la forme, de ceux que la fusion vous a donnés. Au lieu de prismes quadrangulaires, ce sont des octaèdres allongés. Lorsque l'évaporation est lente, ces octaèdres se réunissent bout à bout, formant ensemble une sorte de chapelet, que l'on prendrait pour un fil simple.

Mais revenons à la fusion. Vous pouvez faire cristalliser, par ce procédé, la cire, les résines et quelques métaux. Faites-en l'essai sur le plomb, l'étain, le zinc. C'est l'occasion de faire connaissance avec des métaux très-faciles à fondre et qui cassent comme le verre : *le bismuth*, par exemple, et l'*antimoine*. Vous pouvez chauffer ces métaux dans un creuset ou simplement dans une cuillère de fer ; les verser dans une petite terrine préalablement chauffée et préservée inférieurement, par un support en laine, d'un refroidissement trop rapide ; puis, lorsque vous voyez la surface du liquide solidifiée, la percer en deux points avec une pointe de fer rougie, et faire écouler rapidement la portion liquide. Moins le refroidissement sera rapide, plus la cristallisation sera régulière.

Il est des substances qui n'ont pas besoin d'une température supérieure à la température ordinaire, pour passer et demeurer à l'état liquide ; tel est, parmi les métaux, le *mercure* ; telle est l'eau, encore.

Comme les substances en fusion, il suffit, pour amener leur solidification, de leur ôter leur dissolvant : le calorique. Pour le mercure, le fait a lieu lorsque le thermomètre centigrade est à 40° au-dessous de zéro. On ne pourrait faire cette expérience que dans les régions polaires, si l'on était arrivé à produire artificiellement, à l'aide de mélanges refrigérants, des froids aussi intenses que ceux du Pôle, soumis à cette action, le mercure se solidifie. L'opération peut être menée de telle façon qu'en se solidifiant, il affecte des formes planes et angulaires.

Un exemple du même genre, qui est plus à notre portée, c'est celui que l'eau nous présente. Vous savez à quelle température sa solidification a lieu. Il est à peine besoin de recourir au froid artificiel, pour l'observer. Il est plusieurs mois de l'année où les occasions, à cet égard, ne manquent pas, et qui nous présentent le même fait sous les faces les plus variées. La solidification de l'eau rappelle, sous plusieurs rapports, celle du soufre. Si vous laissez de l'eau se refroidir, très-lentement et sans agitation, dans un vase plat, une lame mince se forme d'abord ; puis des aiguilles apparaissent qui s'allongent peu à peu et se croisent en tous sens jusqu'à ce que la masse entière soit devenue solide. Si, au moment où la surface seulement est prise, vous la percez et faites écouler l'eau restée liquide, vous obtenez à l'intérieur des prismes entrelacés et groupés les uns sur les autres. Lorsque l'eau est amenée uniformément, dans toutes ses parties au point de congélation, les cristaux se déposent au fond et sur les parois, comme, dans le cas du soufre, en traversant la masse liquide. Ceux qui se forment ainsi au fond des rivières, augmentent jusqu'à ce que, par leur excès de légèreté spécifique, ils entraînent avec eux, à la surface, les pierres sur lesquelles ils se sont déposés.

La solidification cristalline de l'eau vous permet d'observer les effets du choc sur une masse liquide, qui est près de cristalliser. A un repos parfait, il faut une température de beaucoup inférieure à celle du zéro thermométrique pour la formation de la glace. Que ce repos soit troublé, la cristallisation commence. L'introduction d'un petit morceau de glace dans une telle eau, vous peut fournir un nouvel exemple de l'influence d'un cristal sur la cristallisation.

La vapeur d'eau invisible (eau gazeuse ou gaz aqueux), soumise à un refroidissement modéré, passe à l'état de vapeur visible ou même se dépose en gouttelettes (1) *se distille*, comme nous le voyons, vis-à-vis d'une glace, à l'égard du gaz aqueux de l'haleine ; ou bien, à table, par l'eau limpide dont se recouvre, à sa partie intérieure, le couvercle de la soupière. Il n'en est pas de même de tous les corps volatilisés ou gazéifiés. Il en est (et l'eau elle-même est souvent du nombre), il en est pour lesquels la distillation (ce mot ne désigne plus ici que le refroidissement, après volatilisation), pour lesquels, dis-je, la distillation au lieu de produire, par le refroidissement un liquide, et, selon l'étymologie même du mot, des gouttelettes,

(1) En latin *stilla* ; de là, le mot *distillation*.

— produit une substance solide d'apparence poudreuse. Cette sorte de distillation,
qui ne diffère de la distillation à produit li
quide, que par la fixité du résultat, est
distinguée sous le nom de *sublimation*.

Le soufre, par exemple, s'évapore dès
le moment où il commence à fondre, et se
mêle, à l'état de gaz invisible, avec l'air
chaud qui l'entoure. Que ce gaz invisible
rencontre une surface froide, il se dépose
aussitôt sous la forme d'une poudre fine
d'un jaune clair, que l'on désigne communément sous le nom de *fleurs de soufre*.
Chauffé à l'abri de l'oxygène de l'air, en
vase clos, le soufre se convertit, à une
haute température, en un gaz de couleur
orangé qui, condensé par le refroidissement, se dépose sous la forme de fleurs
de soufre. Ces fleurs de soufre se composent de cristaux très-petits, analogues à
ceux que vous avez obtenus par la solution
du soufre dans le sulfure de carbone. Vous
pouvez en faire l'essai en chauffant dans
une petite soucoupe, un peu de soufre en
poudre, recouvert d'une assiette remplie
d'eau froide; le fond de l'assiette se re-

couvre en quelques instants de fleurs de soufre. Une petite cornue vous permettrait de diriger le soufre gazeux sous un réfrigérant qui remplît mieux son office. Quant à la quantité de soufre soumise à l'expérience, elle doit être très-petite, le soufre gazeux occupant cinq cents fois plus de place que le soufre solide.

Vous pouvez sublimer de même de l'*indigo*, de l'*iode*, de l'*huile de naphte*, du *camphre*, de l'*acide benzoïque* ou fleur de benjoin. Nous pourrions citer encore d'autres sublimations qui donnent des cristaux fort distincts : celle, par exemple, de l'*acide arsénieux*, qui produit de petits cristaux blancs; celle du *proto-chlorure de mercure* ou calomel des pharmaciens; celle du *deuto-chlorure de mercure*, dont le *sublimé* est appelé *corrosif*. Mais ces substances ne sauraient être, sans danger, mises entre les mains de débutants.

La meilleure manière de sublimer l'indigo, c'est de le mettre, en poudre et en très-petite quantité, dans une capsule de platine que l'on recouvre d'une autre capsule plus grande, maintenue à un froid à-peu-près constant, au moyen d'un papier gris imbibé d'eau, par l'évaporation de cette eau. Quelques instants après, l'on trouve une couche de cristaux sur le chapiteau de ce petit alambic; c'est l'indigo sublimé.

L'acide benzoïque (1) se volatilise sous forme de vapeurs blanches qui se déposent avec la structure cristalline.

L'iode, l'un des corps simples découverts depuis le commencement de ce siècle, fond à-peu-près à la même température que le soufre, et bout entre 470 et 180°; il se dégage alors sous la forme d'un gaz violet, à la couleur duquel il doit le nom qui lui a été donné par son illustre parrain, M. *Gay-Lussac.* Ce gaz se dépose, par le refroidissement, sous la forme de cristaux d'un noir bleuâtre : c'est l'une des sublimations les plus curieuses à tenter (2).

(1) C'est un composé de carbone, d'hydrogène et d'oxygène. Cet acide est plus soluble dans l'eau bouillante que dans l'eau froide, et cristallise par le refroidissement de cette solution.

(2) Comme le soufre, vous pouvez encore vous procurer l'iode en cristal, par dissolution ; seulement le dissolvant est *l'acide codhydrique.*

L'iode, l'acide benzoïque, le camphre peuvent être sublimés dans une petite *cornue de verre*. Un petit creuset de fer ou de terre suffit pour les substances qui n'ont pas d'action sur eux. Le creuset, rempli de la substance à sublimer et recouvert d'un grand vase clos, est chauffé lentement sur du grès en poudre.

Une sublimation qui nous est plus familière, c'est celle de l'*eau*. L'eau se distille et l'eau se sublime; seulement sa distillation (son passage de l'état gazeux à l'état liquide) a lieu à la température ordinaire des sublimations que nous venons de mentionner; tandis que sa sublimation (son passage de l'état de gaz ou de vapeur à l'état solide) exige un plus grand refroidissement. L'eau se sublime l'hiver, et les hautes régions de l'atmosphère lui servent de réfrigérant, mais non d'appui; le *sublimé d'eau* retombe donc vers la région de l'eau liquide, comme le fait le *sublimé de soufre* autour du Vésuve et de l'Etna. Ce sublimé d'eau à forme régulière, vous le connaissez sous le nom de *neige* : peut-être n'avez-vous jamais observé de près cette pluie de cristaux. Elle vous eût montré le plus souvent des étoiles à six rayons, qui chacun deviennent le centre d'un ou de plusieurs autres.

A terre, le gaz aqueux a pour réfrigérants les branches des arbres, le bois, le gazon; s'il ne distille pas en rosée, il se sublime en givre. C'est à une sublimation semblable que sont dues les ramifications dont se chargent les vitres d'un appartement chauffé pendant les grands froids de l'hiver. La vapeur d'eau, en suspension dans l'air intérieur, se condense et se dépose sur les vitres suffisamment refroidies par l'air extérieur.

***

Considérées indépendamment du rôle semblable que le calorique y joue, la solution, la fusion, la volatilisation, ont cela de commun qu'elles amènent les particules du corps cristallisable à un *état de mobilisation* qui permet aux attractions naturelles de s'exercer. Il ne faut pas croire pourtant qu'un état de fluidité parfaite soit indispensable pour ce résultat. Il est des substances qui cristallisent à l'état de viscosité ou de gelée molle. Seulement, dans ce cas, il faut aux particules beaucoup plus de temps pour qu'elles se groupent régulièrement ; le corps doit être alors maintenu longtemps à la température à laquelle il devient solide (1). « On peut, dit *M. Mitscherlich* (2), obtenir de cette manière, cristallisées, les combinaisons de la silice avec la potasse et l'alumine (les silicates d'alumine et de potasse) ; par exemple, le silicate que les minéralogistes désignent sous le nom d'idiocrase, et plusieurs espèces de verre. »

L'état solide lui-même n'est pas toujours un obstacle aux mouvements d'où la cristallisation résulte. Nous verrons tout-à-l'heure des changements réguliers s'opérer non-seulement dans les corps solides, mais dans les corps cristallisés eux-mêmes, par une sorte de *recristallisation* intérieure. C'est qu'il n'y a pas, dans la réalité, de ligne de démarcation qui réponde à nos

(1) Le refroidissement est-il plus rapide, on n'obtient que des masses confuses.

(2) Illustre chimiste suédois.

expressions absolues d'état liquide, d'état
visqueux, d'état solide. Alors même que
les particules des corps nous semblent le
plus étroitement unies, non-seulement
elles s'écartent les unes des autres ou se
rapprochent, sous l'influence de la température, comme le montre le filet liquide
du thermomètre; mais encore elles trouvent, dans leurs mouvements, assez de
liberté pour modifier totalement leur position respective.

———

Il serait inutile d'ajouter de nouveaux
exemples à ceux que nous venons de passer en revue, pour vous convaincre que
la présence, dans les minéraux, de faces
planes symétriquement corrélatives, n'est
pas un de ces faits accidentels dont le hasard
a tout l'honneur; une de ces futiles ressemblances entre les produits de l'art hu-
main et le résultat de circonstances rares
qui courent le risque de ne se plus rencontrer; mais bien un fait inhérent à la
nature des corps dissolvants ou dissous;
un fait inhérent à leurs relations régulières

avec le calorique : produit universel et constant des attractions qu'il dévoile.

Je vous ai déjà fait remarquer, chemin faisant, combien de fois nous avions eu, dans la vie commune l'occasion d'observer ce fait si remarquable. Il suffit de nommer le sel de cuisine, le sucre candi, le sucre en pain lui-même, le salpêtre des murailles, le tartre des tonneaux, la neige, le givre, la glace. Je ne vous dis rien des fabriques de salpêtre, d'alun, de vitriol, de sels de soude et de potasse, ni des laboratoires pharmaceutiques.

Les résultats cristallins s'offraient, du reste, à notre attention, en dehors de la vie domestique et en dehors des ateliers. Nous ne saurions, sans les rencontrer, faire un pas dans le grand atelier de la nature. Parlerai-je des environs de Paris ? comment en visiter les plâtrières sans remarquer ces cristaux de plâtre, aux reflets si vifs, les uns jaunis et comme irrisés, les autres de la blancheur ou de la transparence la plus pure, et dont les lamelles superposées se groupent le plus souvent en fer de flèche. Ces jolis cristaux, que les étrangers recherchent, nous avons le malheur de les avoir vus dès le premier âge; le nom de *pierre à Jésus*, sous lequel on les désigne encore, dit assez sous quelles impressions enfantines la connaissance nous en a été transmise. Les petites facettes brillantes que nous offre la pierre à plâtre grenue, nous invitent elles-mêmes à considérer sa cristallisation confuse, qui, de loin du moins, rappelle celle du sucre en pain (1). Cet agrégat cristallin vous rappelle aussi les lamelles que présente le marbre blanc; puis encore ce composé multiple que désigne le nom de *granit*, et dans lequel on distingue les paillettes noires ou dorées de *mica*, — les facettes oblongues et feuilletées, blanches ou rougeâtres, de *feldspath*, — les granulations de cristal de roche, ou de *quartz*.

(1) Nos collines plâtrières ont d'autres cristaux à vous montrer que ceux de plâtre (ou de *sulfate de chaux*, ou bien encore de *gypse*). Ouvrez, par exemple, quelques-uns de ces rognons grisâtres, remarquables à leur poids, et dont il existe un cordon, au-dessous du petit banc supérieur de moules, à la butte Montmartre, vous en trouverez qui sont intérieurement tapissés de jolis cristaux bleuâtres de sulfate de strontiane, en octaèdre allongé.

Il n'est guère de bloc brisé de silex (ou pierre à fusil), qui ne vous montre des cavités, des espèces de poches à cristaux, tapissées de grains étincelants. Regardé de près, chacun de ces grains vous montre un prisme court à six pans, terminés obliquement et formant de la sorte, au sommet, une pointe pyramidale à six faces ; c'est le silex cristallisé ; c'est du cristal de roche. Ailleurs, en des poches à cristaux non plus de quelques millimètres, mais de quelques pieds, de quelques mètres, — dans les Alpes, par exemple, et les Pyrénées, — vous pourriez observer, sur place, de ces quilles à six faces, de ces prismes hexaèdres pyramidés, non plus de quelques millimètres, mais de plusieurs pouces ou même de près d'un mètre.

Si les petits grains étincelants des cavités du silex nous conduisent au cristal de roche, les lamelles cristallines du marbre blanc ou des veines blanches qui se voient dans les marbres colorés, nous conduisent au cristal de la matière des marbres, au cristal des roches calcaires ou crayeuses, au cristal du *carbonate de chaux*; à ce cristal que vous prendriez pour le verre le plus limpide, et à travers lequel les objets se voient doubles; au *spath d'Islande*. Il n'est pas rare d'en trouver dans le sable de nos rivières; ailleurs, en Suisse, en Angleterre, en Islande, il est presque aussi commun que le cristal de plâtre dans nos environs.

Visitez les carrières, descendez dans les houillères et dans les mines, parcourez les alentours des volcans : de toutes parts s'offrent à vos yeux des matières remarquables par leur transparence ou leur éclat, taillées naturellement à facettes, comme le verre qui sort de chez le cristallier, en dés, en prismes, en octaèdre, en rhomboèdre ; les sulfures de fer ou pyrites dorées; les sulfures de cuivre, les sulfures de plomb ou galène d'un gris d'acier; les sulfures de zinc ou blende; les sulfates ou vitriols de fer, de cuivre, de plomb, de zinc, de baryte, de strontiane, de chaux, de soude, d'ammoniaque, de magnésie, de cobalt; le sel en masse; le soufre sublimé ou précipité de ses solutions; l'alun; l'amiante, l'aimant. Quelle énumération pourrait vous donner une idée des richesses cristallographiques qui vous attendent, je ne dis pas dans le Hartz, dans le Cumberland, dans le Cornouailles, — mais sur les chemins de l'Auvergne, du Limousin, du Vélé, du Vivarais, du Lyonnais, du Dauphiné? (1)

(1) Comme, en parlant de polyèdres taillés sans ciseau, ne pas dire un mot de ces colonnes de basalte si communes sur les bords de l'Allier, de l'Ardèche, du Rhône; de ces poutres à cinq, six, huit et neuf pans, — de vingt, de trente, de soixante pieds de long,— spontanément extraites des coulées de lave; tantôt accolées et dressées en tuyaux d'orgues, tantôt couchées comme le bois sur le chantier; ailleurs inclinées en un éventail gigantesque, ou bien formant, par leur sommet, une sorte de mosaïque ou de carrelage aux dessins uniformes, aux couleurs variées! On cite surtout celles du voisinage du Puy; celles des environs de l'ancien volcan de Chenavari, sur la rive droite du Rhône, près de Montélimart.

L'exemple le plus imposant de cette architecture naturelle est au bord de la mer, en Irlande, au comté d'Antrim. Vous l'avez sans doute entendu décrire sous le nom de *chaussée des géants*. Les débris alternativement convexes et concaves dans leur cassure horizontale, s'emboîtent, dans les colonnes, comme autant de couvercles épais, à facettes : vous rappelant les boules naturelles de basalte des bords de l'Allier.

Le plâtre, à l'entrée des carrières de Montmartre, par exemple, présente, du haut en bas, des divisions polyédriques analogues ; une suite de prismes accolés ; de véritables faisceaux de colonnettes équarries.

Comment supposer, à la vue d'une si grande masse de faits analogues, que les formes cristallines aient pu ne pas être remarquées? Comment supposer qu'elles aient pu être ignorées des Anciens? — J'ouvre l'Histoire Naturelle de Pline, et dans son livre XXXVI, je vois qu'il a connu les lamelles chatoyantes du cristal de plâtre, tout comme s'il fût né au bas de la butte Montmartre. Après avoir dit qu'on peut le diviser et le subdiviser en autant de lames minces que l'on veut, il ajoute : « Il y a des personnes qui pensent que c'est un liquide de la terre qui se congèle à la manière du *cristal*; » par le mot de cristal, il désigne le cristal de ro che, le *quartz hyalin* des naturalistes modernes.

Le début de son Livre trente-septième et dernier, consacré aux gemmes ou pierres précieuses, en annonçant qu'il va montrer « *la majesté de la Nature des choses concentrées dans le plus petit espace* (1),

______

(1) « *In arctum coacta rerum naturæ majestas;* » *mullis*, ajoute-t-il *nullâ sui parte mirabilior* : « nulle part plus admirable, aux yeux de quelques-uns. »

semble préluder à un traité de cristallographie. Parlant de la matière des célèbres *vases Murrhins* : « On pense, écrit-il, que c'est un liquide condensé sous terre par la chaleur... Une cause contraire, ajoute-t-il, produit le *cristal* (le cristal de roche), par le resserrement sur elle-même de la glace la plus froide ; car il est de fait que le *cristal* ne se trouve qu'à l'endroit où les neiges de l'hiver durcissent le plus, et il est certain que c'est une congélation : de là le nom qu'il porte et qu'il tient des Grecs ». Pline cite ensuite avec étonnement un bloc de *cristal* du poids de cinq cents livres, placé dans le Capitole par Livia Augusta. — Arrivé aux *diamants*, il nomme d'abord ceux de l'Inde, et leur trouve une certaine parenté avec le *cristal* : « ils n'en diffèrent point, observe-t-il, par la transparence et la limpidité : naturellement aiguisés en une pointe de toupie ou d'épée à six faces polies ; ou bien en une double pointe, comme si deux toupies à facettes étaient soudées par leur côté le plus large. » — A propos de ceux des *béryls* qu'il distingue sous le nom de béryls huileux, il fait remarquer qu'ils sont presque semblables au *cristal*. « Il y a des personnes, ajoute-t-il, qui pensent que ces pierres ont naturellement ces formes anguleuses. » — Et plus loin : « Les *saphirs* ont un centre comme le *cristal*; la *céraunie* est aussi *cristalline*. » — Après avoir décrit la pierre qu'il désigne sous le nom d'*iris*, il écrit : « Pour le reste, c'est un *cristal*; aussi quelques-uns l'ont-ils nommée la racine du *cristal*... Il est certain qu'elle est à six angles comme le *cristal*; mais on dit que les côtés sont souvent raboteux et les angles inégaux. » Ailleurs, il fait un mot analogue à notre mot « cristalliser » pour désigner la croissance des cristaux; c'est en parlant de la pierre qu'il nomme draconite : « Cette gemme, écrit-il, ne pousse, ne *gemmise* (gemmescit) que dans la cervelle qui est arrachée aux dragons vivants. » Comme vous le savez, les *dit-on* les plus fabuleux, la plupart du temps basés sur des ressemblances de mots, se mêlent, à chaque page, dans le vaste recueil de Pline, aux observations les plus sensées.

Je n'ai pas le dessein de retracer ici l'histoire des connaissances cristallographiques. Cette histoire se diviserait naturellement en deux parties : la partie *explicative* et la partie *descriptive*. L'une serait l'énumération des opinions émises sur l'origine de ces produits naturels, si surprenants ; l'énumération des efforts tentés, pendant plus de deux mille ans, pour remonter de ces merveilleux résultats à leurs causes mystérieuses. L'autre serait la liste des observations patientes auxquelles ces résultats eux-mêmes ont donné lieu. La première partie serait beaucoup plus longue que la seconde ; de *Théophraste* ou de *Pline* à *Descartes*, aucun nom de grand théoricien n'y manquerait ; nous ne nous y arrêterons pas. Quant à la partie descriptive, elle ne daterait guère que du commencement du dernier siècle et nous ferait passer, presque sans aucune halte, des citations latines que je viens de vous traduire, à l'année 1772 (1).

(1) En 1557, *Encelius* dans son Traité *De l'Origine et de la Diversité des métaux, des pierres, des gemmes,* écrivait : « Au fond des entrailles de la terre, la nature

Le Lucernois *Capeller*, officier de génie et médecin, dont l'attention avait été tournée vers ce sujet par les magnifiques cristaux de roche du grimsel, paraît avoir été l'un des premiers, parmi les modernes, qui ait tenté de réunir les connaissances acquises sur la configuration régulière, naturelle, des minéraux. Il ne publia de l'ouvrage qu'il projetait, que le premier chapitre, sous ce titre : *Prodrome de cristallographie; sur les cristaux auxquels on donne improprement ce nom*. Cette publication est de 1723.

Henckel dans sa Pyritologie publiée à Leipzig en 1754, insiste sur la nécessité de mesurer et de décrire les cristaux. « Les figures des minéraux, écrit-il, méritent d'être considérées avec autant d'attention que celles des autres substances. On a pris la peine de représenter les moindres détails de la structure des insectes; ne serait-il pas utile de donner aussi des dessins

fait de la géométrie avec un talent admirable. » Cette phrase, que plusieurs cristallographes ont prise pour devise, semble promettre, dès ce temps, une étude des ouvrages géométriques de la nature; mais la promesse n'est pas tenue.

exacts des différentes formes minérales? La nature, dans toutes ses productions, dans toutes ses combinaisons, nous montre les mêmes tissus, les mêmes arrangements des parties, *la même configuration extérieure, lorsque les matières qu'elle emploie et les circonstances, sont les mêmes*. Elle ne donne jamais une forme ronde à une pyrite de fer; elle ne donne jamais à l'hématite, la forme cubique de la galène. On voit donc qu'il faut supposer ici des causes qui agissent d'une manière constante et uniforme; ces causes sont dignes de toute l'attention des naturalistes, et leurs effets doivent être étudiés et représentés. »

Linné, dans le troisième volume de son *Sistema naturæ*, donna la description de la plupart des cristaux qu'il avait pu réunir et fit graver une quarantaine de figures. On ne peut assez s'étonner que la cristallisation des sels lui ait fait admettre que les formes cristallines des autres substances, les formes cristallines des métaux eux-mêmes, étaient dues à la présence des sels. *Buffon* le lui reproche un peu rudement dans son *Histoire naturelle* (article *du cristal de roche*). « Il suffit, objecte-t-il à Linné avec le célèbre minéralogiste *Cronstedt*, qu'il y ait des substances métalliques qui ne cristallisent que par fusion pour montrer que la forme des cristaux n'est pas dépendante des sels. »

Ce que demandait Henckel, ce que Linné avait commencé, un Français en fit sa tâche spéciale : *Romé de l'Isle*, dont la cristallographie parut en 1772, sous le titre d'Essai. La première édition n'avait qu'un volume; la seconde, publiée dix ans plus tard, en a quatre. A part la patience que cette énumération minutieuse des formes cristallines suppose, l'un des caractères de Romé de l'Isle, a été de constater une certaine constance dans l'inclinaison des faces cristallines les unes sur les autres, et de ne se pas borner à décrire cu à figurer, sans mesure : appliquant à la mesure des angles solides ou des arêtes cristallines l'instrument même, l'espèce d'équerre à branches mobiles, qui semble avoir servi à leur construction.

Cet instrument n'est autre chose, sous son nom grec de *goniomètre* (c'est-à-dire de mesureur d'angle), qu'une paire de ciseaux à branches droites; tels, par exemple, que ceux dont quelques personnes font usage pour se couper la barbe. L'angle cristallin à mesurer est appliqué entre les deux lames de ciseaux, dont une seule est mobile, tandis que l'autre est superposée fixément au diamètre d'un *demi-cercle gradué*. La grandeur ou la petitesse de l'angle est mesurée par la portion du demi-cercle ou, comme on dit, par l'*arc de cercle* compris, de l'autre côté de l'axe de la branche mobile, entre l'extrémité supérieure de cette branche et la branche fixe ou diamétrale.

Comme vous le savez, l'écartement respectif des lignes qui se coupent et forment entre elles un angle, se mesure par la portion de cercle comprise entre elles. Peu importe que cette portion de cercle soit près ou loin du sommet de l'angle; peu importe qu'elle soit vue au bout d'un rayon plus court ou plus long; qu'elle appartienne à un cercle plus petit ou plus grand : le rapport est toujours le même. L'on est convenu de diviser tout cercle

5

en 360 parties égales, appelées, chacune, un *degré* (1). Le demi-cercle est ainsi partagé en 180 degrés. L'*angle droit*, comme le montre la figure ci-jointe, correspond à un arc de 90° ou à un quart de cercle. Les *angles obtus* correspondent à un arc de cercle de plus de 90° ; les *angles aigus*, à un arc de cercle de moins de 90°.

Je me borne à décrire le goniomètre dans ce qu'il a d'essentiel ; quant aux dispositions accessoires que la petitesse des cristaux nécessite, telles par exemple, que de pouvoir, à volonté, raccourcir les lames entre lesquelles le cristal à mesurer s'interpose, ou bien de donner à l'instrument plus de fixité que n'en comporte la main de l'observateur, — vous les imaginerez sans peine et pouvez, du reste, les voir réalisées chez les opticiens et les constructeurs d'instruments de précision.

(1) Chacun de ces degrés est, à son tour, divisé en 60 parties égales, appelées *minutes* ; chaque minute est elle-même divisée en 60 parties égales, appelées *secondes*. Les degrés sont désignés par le signe ° ; les minutes par le signe ' ; les secondes par le signe " ; cinq degrés, cinq minutes et cinq secondes s'écrivent ainsi : 5°, 5', 5".

Il est une autre sorte de goniomètres dans lesquels on détermine l'inclinaison respective des deux facettes cristallines qui forment ensemble un angle ou une arête du cristal, — par la direction de la lumière que chacune d'elles renvoie ou *réfléchit*, dans une position sembla-ble; — ou bien en amenant tour à tour ces facettes dans la position où elles se trouvent renvoyer, réfléchir, la lumière dans la même direction. Bien que fondés sur un fait fort connu, ces instru-ments, appelés *goniomètres de réflexion*, ont besoin d'être vus pour être bien saisis. Ce sont des appareils dont la précision est fort coûteuse et dont les résultats ne sont pas de ceux que nous pouvons recher-cher, au début de nos études minéralogi-ques (1).

(1) L'extrême précision de ces instruments a permis de reconnaître que la *constance des angles* n'avait ri-goureusement lieu que pour des *températures égales* et des *compositions identiques*.

On a remarqué, dans les variations d'angle occasionées par la diversité de composition, que l'angle observé est généralement alors la *moyenne* entre les deux angles propres à chacune des substances chimiquement mé-langées. L'angle obtus du rhomboèdre de carbonate de

C'est ici le lieu de dire un mot de la méthode de *classification* adoptée par Romé de l'Isle, méthode qui, sous d'autres noms et avec les modifications que les découvertes subséquentes y ont apportées, a nécessairement été suivie par ses successeurs. Il ne s'agit ici que de l'ordre à mettre *dans l'énumération des diverses formes cristallines sous lesquelles se présente un même minéral*. Romé choisit, entre ces formes diverses, une forme qu'il appelle principale et, par des troncatures faites au modèle, en bois ou en glaise, de cette forme (par des troncatures successives soit sur les arêtes, soit sur les pointes), — il montre comment les autres formes du même minéral peuvent être graduellement ramenées à cette forme principale, bien qu'au premier abord elles lui semblent totalement étrangères.

chaux est de 105° 5′; l'angle obtus du rhomboèdre de carbonate de magnésie est de 107° 25′. L'angle du double carbonate de chaux et de magnésie (composé d'une particule de carbonate de chaux et d'une particule de carbonate de magnésie) sera donc de 106° 15′, ainsi que Wollaston, l'inventeur du goniomètre de réflexion, l'a constaté. — Il s'agit ici de mélange chimique ou combinaison; les mélanges mécaniques ne paraissent pas influer sur la valeur des angles.

Le même minéral présente-t-il tour-à-
tour un cube et un octaèdre : vous n'apercevez pas, au premier coup-d'œil, de liaison
entre des formes si disparates ; peut-être
pourtant trouverez-vous, dans le même
minéral, une forme intermédiaire qui vous
dévoilera l'espèce de parenté qui unit ces
deux formes, et vous mettra sur la voie des
troncatures opérées par Romé pour convertir l'une de ces formes en l'autre.

Taillez un cube, un dé, dans un bouchon
de liége.

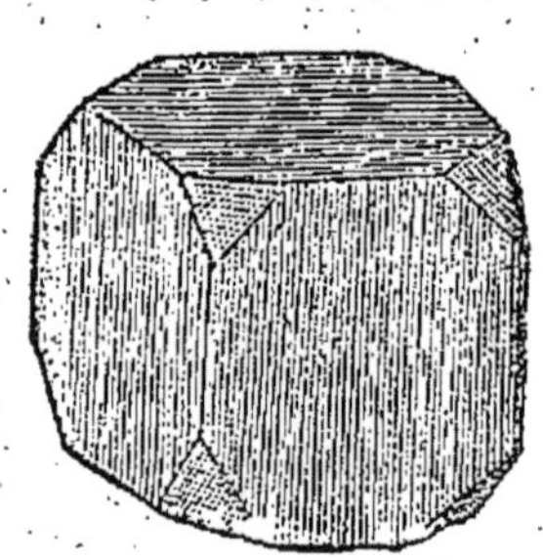

Tranchez ensuite légèrement chaque
pointe, chaque angle. Le cube a huit de
ces pointes ou de ces angles : leur troncature produira huit nouvelles facettes. Les

voici figurées ici et distinguées des faces
originaires du cube, par un léger poin-
tillement. — Poussez ces troncatures plus
loin; en d'autres mots, agrandissez ces
huit facettes pointillées, aux dépens des
six faces du cube : ces dernières ne pa-
raîtront bientôt plus que *pour mémoire*,
comme dans la figure ci-dessous; vous y

voyez les huit facettes pointillées envahir
presque entièrement les faces du cube. —
Poussez la troncature un peu plus loin :
les six faces du cube disparaissent. Huit
faces, semblables à celles que vous mon-

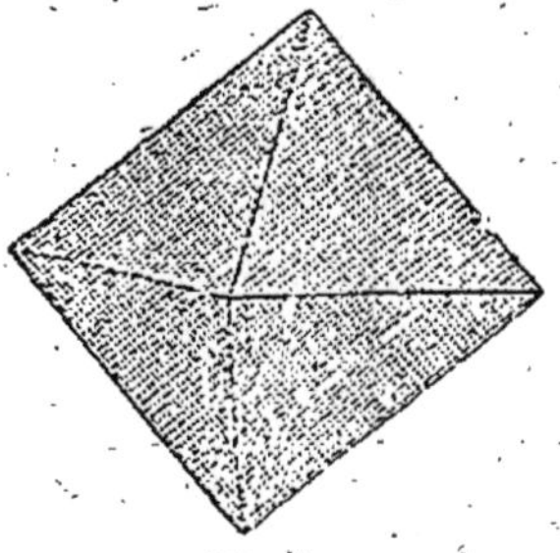

trent les cristaux d'alun, les huit faces de
ce que l'on appelle *l'octaèdre régulier*,
restent seules.

Je n'ai pas besoin de vous dire que l'octaèdre serait autre, provenant de la section des huit pointes d'un prisme hexaèdre; non plus cubique, mais allongé : on aurait alors, au lieu d'un octaèdre régulier, un octaèdre allongé comme celui que vous montre le soufre, cristallisé par dissolution ou volatilisation. Ce prisme étant à base rectangulaire ou à base en losange, on aurait un octaèdre à base rectangulaire; un octaèdre à base en losange.

Je ne pousserai pas plus loin cette énumération de formes dérivées les unes des autres (1). Les nombreuses planches des traités de minéralogie, vous offriront la plus ample collection de formes variées,

(1) Le cube a douze arêtes : tranchez, à une égale profondeur, chacune d'elles : vous avez douze nouvelles petites facettes, qui, par des sections plus profondes aux dépens des six faces du cube, finiront par vous donner au lieu du cube, au lieu d'un hexaèdre, — un solide à douze faces, un dodécaèdre. Que chaque arête du cube, au lieu d'être modifiée par une section simple, le soit par une section double ou en biseau ; que ces sections soient assez profondes pour se rejoindre : vous avez, au lieu du cube, au lieu d'un hexaèdre, — un solide à vingt-quatre faces triangulaires, qui offrent ensemble l'aspect d'un cube dont chaque côté porterait une pyramide à quatre faces.

rattachées, de la sorte, à une forme originaire. Vous y verrez toutes les formes cristallines réduites, en dernière analyse, à six formes primitives.

Il va sans dire que la nature ne procède point par troncatures; qu'elle ne commence pas par former un cube pour en tronquer ensuite les pointes ou les arêtes et le convertir ainsi en octaèdre, en dodécaèdre. Il ne peut y avoir, à cet égard, d'équivoque. Il faut convenir aussi que, dans ces déductions hypothétiques au moyen de troncatures, le choix de la forme originaire, de la forme principale, est tout-à-fait arbitraire. On peut aussi bien, par exemple, supposer le cube contenu dans l'octaèdre ou le dodécaèdre, que l'octaèdre et le dodécaèdre contenus dans le cube ; ils n'y sont contenus que par supposition, par imagination, comme la statue est contenue dans le bloc de marbre.

Vous remarquerez peut-être, à ce propos, mes amis, que nous n'avons parlé jusqu'ici que de la forme extérieure des cristaux, et que nous n'avons point encore tenté de pénétrer dans leur intérieur; si ce n'est avec Romé de l'Isle, *par hypo-thèse*. Essayez-vous d'y pénétrer autre-ment, avec le ciseau et le marteau, par exemple : vous apercevez qu'il existe chez quelques-uns d'entre eux des parties où la cohésion est moindre, et qui se séparent sous le choc, en laissant à nu des faces planes et brillantes ; qu'il existe des espè-ces de joints naturels, qui, forcés, vous donnent une multitude de petits cristaux pareils au cristal que vous aviez d'abord, différents seulement par le volume. Je ne parle pas exclusivement de la séparation des lamelles superposées, mais encore de la configuration de ces lamelles. Vous en pouvez faire l'épreuve sur un morceau de *spath d'Islande*, le cristal rhomboédrique du carbonate de chaux (1); vous pouvez vous procurer ce cristal à peu de frais,

(1) Le nom de *spath* était donné autrefois à tous les minéraux en feuillets et chatoyants. On avait le *spath calcaire* ou spath d'Islande (carbonate de chaux); le *spath pesant* (sulfate de baryte); le *feldspath*, l'un des composés *agrégés* du granit, appelé aussi *spath étin-celant*; le *spath cubique*, *spath fluor*, *spath fusible* (fluate de chaux, fusible, à la flamme du chalumeau, en une perle opaque). Le cristal de plâtre ou de gypse était un *spath*.

chez les marchands de curiosités naturelles, si vous n'avez pas occasion de le
rencontrer dans la nature. Frappez légèrement, avec un marteau, sur ce cristal
diaphane, semblable à un verre épais :
chacun des éclats est, comme le cristal
frappé, une lame diaphane, taillée en losange. Le losange est le même des deux
parts : vous pouvez vous assurer que, des
deux parts, l'angle obtus de ce losange
est de 105° 5′; et l'angle aigu, de 74° 55′.

Soumettez-vous à la même épreuve un
morceau de *galène* ou de sulfure de plomb
(composé de soufre et de plomb, d'un gris
d'acier, à reflet métallique); — vous en
pouvez avoir, pour deux ou trois sous,
chez les marchands de minéraux, si vous
n'êtes pas à portée des mines : — eh bien,
chacun des fragments est, comme votre
morceau de galène, un dé parfait, un
cube, ou du moins un solide dont tous les
angles sont droits. Vous voyez que pour
fendre un morceau de galène par ses joints
naturels, pour le *cliver*, comme on dit, il
faudrait poser la lame tranchante parallèlement aux faces d'un cube ou d'un solide

rectangulaire. Pour cliver le spath d'Islande, il faudrait poser la lame tranchante
parallèlement aux faces inclinées d'un
rhomboèdre.

Voilà des faits qui sont connus de temps
immémorial et que les lapidaires ont mis
à profit dans le travail qu'ils font subir à
divers cristaux. Non-seulement les lapidaires sont à compter, comme les habi-
tants des pays de mines ou les fabricants
de *produits minéralogiques*, entre ceux
que leur position mettait à portée d'observer les résultats étonnants de la cristallisation, mais encore ils savaient dans quel
cas le poli naturel les pouvait dispenser
de la taille; dans quel cas le clivage pouvait suppléer au long et difficile travail de
l'égrisé : distinguant sous le nom de *pointes naïves*, les angles que, dans le diamant,
par exemple, ils empruntaient ainsi à la
nature.

Vers 1779, un régent de seconde, au
collége du cardinal Lemoine, fit une nouvelle découverte. Je regrette, de n'avoir
pas ici l'espace nécessaire pour vous ra-
conter au long la simple et modeste his-

toire de l'un de ces hommes devant qui toute carrière semble fermée et qui, par la patience et le travail, se frayent un chemin lent et sûr vers la célébrité. Il faudrait vous dire comment le fils d'un pauvre tisserand du village de Saint-Just, en Picardie (1), fut remarqué par le curé de sa paroisse, devint enfant de chœur au faubourg Saint-Antoine, puis obtint une bourse, et, par la suite, une chaire au collége de Navarre; comment, à ce collége, ses liaisons avec le célèbre physicien Brisson l'initièrent aux expériences électriques toutes récentes encore de Franklin et de Nollet; comment ensuite son amitié pour *L'Homond*, lui inspira le désir d'étudier la botanique; comment enfin le voisinage du Jardin-des-Plantes lui donna occasion de suivre, à près de quarante ans, le cours de minéralogie de d'Aubenton. « Le Jardin-des-Plantes, écrit M. *Cuvier* (2), avait un grand nombre d'élèves, et M. d'Aubenton beaucoup

____

(1) *René Just* HAUY, né le 28 février 1743.

(2) Eloge historique de Haüy; tome VIII des *Mémoires de l'Institut*.

d'auditeurs qui laissèrent la botanique et la minéralogie ce qu'elles étaient. Peut-être savaient-ils la botanique et la minéralogie mieux que M. Haüy, parce qu'ils les avaient étudiées plus tôt; mais cette habitude plus longue était précisément ce qui les avait familiarisés avec des difficultés qu'ils finissaient par ne plus apercevoir; ce fut pour avoir abordé ces sciences plus tard, que M. Haüy les envisagea autrement. Les contrastes, les lacunes dans la série des idées, frappèrent vivement un bon esprit qui, à l'époque de sa force, se jetait tout d'un coup dans une étude inconnue. Il s'étonnait profondément de cette constance dans les formes si compliquées des fleurs, des fruits, de toutes les parties des corps organisés, et ne concevait pas que les formes des minéraux, beaucoup plus simples et pour ainsi dire toutes géométriques, ne fussent pas soumises à de semblables lois. »

Il voyait les cristaux d'un même minéral n'avoir, à l'extérieur, aucune ressemblance. Comme Romé de l'Isle, il pouvait compter, par exemple, plus de *trente* variétés dans les formes cristallines du carbonate de chaux, du spath calcaire (1). Les ressemblances même aperçues entre ces variétés, étaient pour lui une nouvelle source de difficultés. C'est ainsi pour nous en tenir au spath calcaire, qu'il y observait trois rhomboèdres, différents entre eux par l'ouverture des angles plans de leurs faces en losange (2). Cette diversité d'angles qui sapait la base des épreuves goniométriques, paraissait à Haüy plus surprenante encore que la différence totale qui se montre entre les autres variétés du même spath.

C'est dans cette disposition d'esprit qu'il examinait, un jour, chez M. de France, maître de comptes, dont la collection minéralogique était à la disposition des amis des études naturelles, — qu'il examinait, dis-je, un groupe de cristaux de spath calcaire, en prismes à six pans : forme bien éloignée, comme vous voyez,

(1) Le nombre des variétés cristallines de calcaire étudiées jusqu'ici, est porté à 1400 par M. Beudant.

(2) Au lieu de trois, l'on compte aujourd'hui vingt-cinq de ces rhomboèdres différents, dans le calcaire.

du rhomboèdre adopté par Romé pour forme principale, dans la classification des spaths calcaires. Dans un mouvement un peu brusque, un des prismes vint à se détacher du groupe ; Haüy remarqua qu'il se trouvait cassé obliquement, et en même temps, que la cassure présentait une coupe plane et nette, « brillante, écrit-il, de cet éclat auquel on reconnaît le poli de la nature. » Il obtint d'emporter ce fragment, qui, du reste, avait beaucoup perdu de sa valeur pour le propriétaire, mais venait d'en acquérir une nouvelle pour le naturaliste ; laissons parler Haüy : « J'essayai, dit-il, si je ne pourrais point faire, dans ce même prisme, des coupes dirigées selon d'autres sens ; après différentes tentatives, je parvins à obtenir, de chaque côté du prisme, trois sections obliques, et par de nouvelles coupes parallèles aux premières, je détachai un rhomboèdre parfaitement semblable au spath d'Islande, et qui occupait le milieu du prisme » (1).

(1) *Essai d'une théorie sur les cristaux*, in-8°, 1784, page 10. Cette célèbre découverte est rappelée avec plu-

Vous entrevoyez sans peine la portée de cette observation. Cette forme, à laquelle Romé de l'Isle n'avait ramené que par une supposition arbitraire, tous les spaths calcaires, se trouvait donnée par la nature même. L'unité, qui ne se laissait point apercevoir à l'extérieur des cristaux, se retrouvait au-dedans. Le spath calcaire à prisme hexaèdre et le spath rhomboédrique d'Islande, se résolvaient en petits rhomboèdres exactement semblables, avaient

de détails, dans la *Cristallographie* d'Haüy; tome 1er, p. 30.

Il est juste d'ajouter que, dans le même temps sans que Haüy en eut connaissance, le célèbre chimiste suédois *Bergman* faisait subir, d'après les mêmes notions, aux minéraux, le même traitement anatomique. Son élève, le jeune Gahn, avait remarqué, en brisant un cristal de spath calcaire pyramidal, que le noyau était un rhomb:èdre semblable à celui du spath d'Islande. Cette remarque du disciple avait ouvert au maître le même champ de recherches que l'accident arrivé chez M. de France, à notre minéralogiste. « Mais, écrit M. Cuvier, au lieu de répéter cette observation sur des cristaux différents et de reconnaître, par expérience, dans quelles limites ce fait pouvait être généralisé, Bergman se jeta dans les hypothèses, et, dès les premiers pas, il s'égara. De ce rhomboèdre du spath, il prétendit déduire non-seulement les autres cristaux du spath, mais ceux du grenat, ceux de l'hyacinte qui n'avaient avec lui aucun rapport de structure. »

en quelque sorte le même noyau : là seulement les angles étaient constants (1).

Encouragé par ce premier essai, Haüy prend un autre spath calcaire, celui qui forme un rhomboèdre à angle très-obtus ; celui dont la surface est composée de douze plans à cinq angles, de douze pentagones : il y retrouve le même noyau rhomboédrique que le prisme hexaèdre lui avait montré. Il n'hésite pas à mettre en pièces sa petite collection ; ses cristaux, ceux qu'il obtient de ses amis, éclatent sous le marteau ; partout il retrouve une structure intérieure identique, pour les variétés du même minéral. Dans le grenat, c'est une pyramide triangulaire, un solide à quatre côtés, le plus simple des solides, un tétraèdre ; dans le spath fluor (fluate de chaux), c'est un octaèdre ; dans la pyrite de fer, un cube ; dans le spath pesant (sulfate de baryte), un prisme droit à quatre pans. Toujours les cristaux se clivent parallèlement aux faces du noyau, si différentes, parfois, des faces extérieures ;

(1) C'est à ces angles que s'applique la remarque consignée ci-dessus, note 1 de la page 99.

toujours les faces extérieures se laissent concevoir comme résultant d'une pile incomplète et régulièrement décroissante de cristaux semblables au noyau : pile dont les gradins ou les dentelures échappent à nos sens à cause de l'extrême finesse des petits cristaux composants.

Dans son *Essai* de 1784, Haüy fait l'application de cette manière de voir à six groupes de substances cristallisées : au *spath calcaire*, au *spath pesant*, au *spath fluor*, aux *cristaux de plâtre*, aux *grenats*, aux *topazes* de Saxe et du Brésil. Son premier mémoire, lu à l'Académie des Sciences, traitait seulement des grenats et des spaths calcaires.

————

Le principe de la classification des cristaux, dans chaque espèce minérale, — se trouvait déplacé ; il allait être désormais emprunté, non plus à l'extérieur, mais à l'intérieur ; non plus à l'observation pure et simple, ou bien à la dissection de modèles en liége ; mais à la dissection des cristaux eux-mêmes. La forme principale ou originaire ou, si vous voulez, *de classification*, n'était plus seulement à supposer; elle était observable; il fallait la déterminer dans tous les cas. Du reste, comme pour la *forme principale arbitraire* de Romé de l'Isle (le pus souvent si justement choisie par le cristallographe, qu'il n'avait plus, ce semble, qu'à abattre, dans le cristal les pointes qu'il abattait dans le liége, pour en faire sortir le solide intérieur qu'il imaginait, sans y croire), — il fallait découvrir une sorte de passage de la *forme principale naturelle* aux formes extérieures; découvrir une transition entre le noyau intérieur constant et les modifications extérieures variées, ou, pour prendre l'expression de Haüy, entre la forme primitive et ses décroissements.

Quant à la détermination de la forme principale ou primitive, on ne peut pas toujours y arriver directement, c'est-à-dire par le clivage; il y a un certain nombre de cristaux qui ne se prêtent pas à cette opération. Le choc ne réussit souvent qu'à produire des stries, des raies, à la surface du cristal ou des reflets de lumière à l'intérieur; ces indices suppléent, en partie, au clivage. Enfin, étant supposé que certaines formes extérieures ou secondaires sont liées à telle forme primitive inaperçue et sont incompatibles avec toute autre forme primitive, — le clivage se trouve suppléé par l'examen même des formes secondaires, des formes extérieures.

Dans ce dernier cas, la détermination de la forme primitive implique la découverte préalable d'une liaison entre le noyau intérieur constant et les formes extérieures variées; d'une liaison entre la forme primitive et ses décroissements.

Cette *liaison*, désignée par Haüy sous le nom de *loi* de symétrie, peut être énoncée ainsi : « *Dans tout noyau cristallin, les parties de même espèce sont toutes modifiées à la fois et de la même manière; et les parties d'espèce différente sont modifiées d'une manière différente.* »

Ces expressions ont peut-être besoin d'être éclaircies.

Une face est dite *de même espèce* qu'une autre, lorsqu'elle lui est égale et qu'elle se trouve dans la même position relative.

Toutes les faces d'un cube sont de même espèce ; toutes les faces d'un octaèdre régulier sont de même espèce ; toutes les faces d'un tétraèdre régulier sont de même espèce.

Une arête est dite *de même espèce* qu'une autre, quand elle se trouve au point de rencontre de deux plans de même espèce et de même inclinaison mutuelle que les deux plans qui déterminent cette autre arête. Toutes les arêtes du cube, de l'octaèdre régulier, du tétraèdre régulier, sont dans ce cas.

Un angle solide (la pointe des solides anguleux) un angle solide est dit *de même espèce* qu'un autre, lorsque les angles plans qui le forment sont égaux, chacun à chacun, aux angles plans qui forment cet autre. C'est encore le cas des trois solides réguliers que nous venons de citer.

Enfin les modifications apportées à ces parties, sont dites *de même espèce*, lorsque ayant lieu sur des parties analogues (ayant lieu toutes sur des arêtes, ou bien ayant lieu toutes sur des angles), elles font avec les plans qu'elles rencontrent dans un cas, des angles égaux à ceux qu'elles forment avec les plans qu'elles rencontrent dans un autre cas.

Nous pouvons subdiviser la formule ci-dessus énoncée, en quatre autres ; les voici :

1° *Les arêtes ou les angles solides (les pointes) de même espèce, sont toutes modifiées à la fois et de la même manière;* ce qui revient à dire que, dans un cube, par exemple, où les arêtes et les angles solides sont tous de même espèce, si une seule de ces arêtes est modifiée, si un seul de ces angles est modifié, toutes les autres arêtes, tous les autres angles le sont de la même manière. — « Cette règle, dit M. Beudant, présente peu d'exceptions, en comparaison du nombre de faits qui l'établissent. »

2° *Les arêtes ou les angles solides d'espèce différente sont modifiées différemment.* — « Cette règle, inverse de la précédente, n'offre pas d'exceptions, du moins rigoureusement établies. »

3° *Lorsqu'une arête ou un angle solide*

*sont formés par des plans de même espèce,
les modifications produisent le même effet
sur chacun de ces plans*, c'est-à-dire que,
si une arête, formée par la rencontre de
deux faces de même espèce, est modifiée
par une facette, cette facette sera également
ment inclinée sur chacun des deux plans
adjacents; si elle l'est par deux facettes,
chacune de ces facettes fera le même angle
avec l'un des plans, que l'autre facette
avec le second plan. Il en sera de même
de la facette unique ou double qui modi-
fiera un angle solide formé par des plans
de même espèce. — Cette règle présente
des exceptions.

*4° Lorsqu'une arête ou un angle solide se
trouvent formés par des plans d'espèce différente, les modifications produisent des
effets différents sur chacun de ces plans.*
— « Cette règle n'offre aucune exception. »

Posant ainsi en principe la convenance
ou l'incompatibilité de certaines formes,
Haüy suppléait par déduction, c'est-à-
dire par l'application de ces règles, à
l'absence du clivage, et remontait des

formes secondaires les plus compliquées à leur noyau invisible.

Haüy n'avait songé d'abord à tirer de ces divers procédés qu'une classification cristallographique ; il écrivait même, en 1784, « qu'on ne pourrait jamais faire de de la cristallographie la base d'une distribution méthodique des minéraux. Les formes des cristaux ne peuvent être employées, ajoutait-il, que subsidiairement et comme caractères secondaires.

Vingt ans après, il avait changé d'avis. Enhardi par le succès avec lequel il avait, en plusieurs occasions, devancé ou rectifié, par le seul examen des formes cristallines, le résultat de l'analyse chimique (1), il tentait (dans son *Tableau comparatif*, publié en 1809) d'employer ces formes comme caractère principal, dans la distinction et le groupement des minéraux. « J'ai remarqué, écrit-il, dans son *Traité de miné-*

(1) Les faits les plus remarquables de ce genre sont racontés par Haüy lui-même, dans le dernier chapitre de sa *Cristallographie*, tome II, page 565), sous le titre d'*Histoire abrégée des progrès de la cristallographie.*

ralogie (1), « j'ai remarqué que plusieurs corps que l'on avait rangés dans une même espèce minérale, étaient incompatibles avec le même système de cristallisation (2), et que d'autres corps, que l'on avait placés dans des espèces différentes, venaient se rallier autour d'une forme primitive commune. Dirigeant alors l'usage de la théorie vers la distribution des espèces, je suis arrivé, par degrés, à une classification méthodique, établie sur ce fondement autant que le permettait l'état de nos connaissances..... »

Vous avez déjà vu (page 100) comment

(1) Tome 1ᵉʳ, page 45.

(2) On nomme *système de cristallisation* l'ensemble de formes qui peuvent être rattachées, d'après la formule dite de symétrie, à une même forme primitive. M. Beudant, par exemple, ayant, comme je vous l'ai dit, adopté six formes primitives, compte six systèmes de cristallisation : 1° le *système du tétraèdre*; du cube; de l'octaèdre; du dodécaèdre à faces en losange, ou rhomboïdal; du trapèzoèdre; des solides à quarante-huit faces; 2° le *système de rhomboèdre*; du prisme hexaèdre à triangle isocèle; — 3° le *système du prisme droit à base carrée*; de l'octaèdre allongé, à base intérieure carrée; des solides à seize faces; — 4° le *système du prisme droit à base rectangulaire* de l'octaèdre allongé, à base intérieure rectangulaire; — 5° le *système du prisme oblique à base rectangulaire*; —6° le *système du prisme oblique à base parallélogramme obliquangle*.

une différence dans les angles d'un cristal (par exemple, dans les angles d'un
rhomboèdre de carbonate de chaux), deve-
nait un indice de sa composition chimique,
et faisait, en réalité, office de réactif :
décelant la présence d'une autre substance
ou nommément celle de telle substance,
celle du carbonate de magnésie, je suppose ; — ou même, spécifiant la quantité
respective des substances mélangées.
Vous pourrez voir, dans la *Minéralogie* de
M. Beudant, qu'il résulte de ses observations et de celles de M. Mitscherlich, que
si *dix* particules de carbonate de chaux se
trouvent chimiquement mélangées avec
une de carbonate de magnésie, l'angle
obtus du rhomboèdre se trouve être la
onzième partie de la somme formée par dix
angles de 105° 5′ (angle obtus du losange
de carbonate calcaire) et un angle de 107°
25′ (angle obtus du losange de carbonate
magnésien) ; c'est-à-dire qu'il se trouve être
un angle de 107° 17′ 43″.— Y a-t-il *cinq* particules de calcaire et *une* de carbonate de
fer : l'angle sera la *sixième partie* de la
somme formée par *cinq* angles de 105° 5′ et

un angle de 107° (angle obtus du rhomboèdre de carbonate de fer); c'est-à-dire qu'il
sera un angle de 105° 24' 10".

Pour ranger les minéraux d'après les
formes cristallines, pour déduire de ces
formes la composition des minéraux, il ne
suffisait pas que leur composition influât
sur leurs formes; il fallait qu'elle y influât
seule. Il fallait que les ingrédients, retirés
d'un cristal par l'analyse chimique, eussent
seuls concouru à sa formation; qu'il n'y fût
pas entré autre chose. Ce qui n'est pas; autrement le carbonate de chaux cristallisé ne
différerait point par la forme, du carbonate de chaux compacte (de la craie) ; et,
d'un autre côté, l'alun, composé d'acide sulfurique, d'alumine et de potasse, et le diamant (charbon ou carbone pur) ne cristalli-
serait pas également en octaèdre régulier.
Le sel de table (composé de chlore et de sodium) et le sulfure de fer (composé de
soufre et de fer) ne cristalliseraient pas
également un cube.

Un autre chemin pour arriver à la même
conclusion, ce serait de voir non plus
deux minéraux, comme le carbonate de

chaux compacte, le spath d'Islande et la craie ordinaire, par exemple, mais deux cristaux, chez lesquels l'analyse chimique constaterait la présence des mêmes substances pondérables et leur association dans des proportions exactement semblables, — ce serait, dis-je, de voir deux cristaux de cette espèce, différer totalement, par leur forme extérieure ou intérieure ; à ce point que cette forme fût incompatible avec un seul et même *système de cristallisation*, et que ces cristaux ne pussent aucunement être ramenés à une forme primitive commune.

Le carbonate de chaux, le minéral même qui avait, le premier, mis à la disposition d'Haüy une unité, un type originaire pour rallier entre elles tant de formes diverses dans une seule espèce minérale, et l'avait conduit à chercher de même un type primitif pour les autres minéraux ; ce carbonate, dans lequel non-seulement une dissection raisonnée et méthodique, mais le plus souvent un simple coup de marteau, fournit un lien uniforme entre tant de rhomboèdres différents par leurs

angles, entre ces rhomboèdres eux-mêmes
et tant de prismes hexaèdres, ou de do-
décaèdres à faces triangulaires variées,
— le carbonate de chaux présentait lui-
même les deux sortes de *cristaux à forme
incompatible et à composition chimique
identique*, dont nous venons de parler.

Ce sont, d'une part, les spaths calcaires,
clivables, à forme intérieure commune, à
forme de rhomboèdre : le *spath d'Islande,*
par exemple ; — et d'une autre part, le
carbonate de chaux cristallisé que les minéralogistes ont distingué sous le nom
d'*arragonite* ; cristal non clivable à cassure
vitreuse, dont la forme de prisme à base
en losange ne peut être déduite du rhomboèdre. Ces deux sortes de cristaux ne diffèrent pas moins par leurs caractères optiques ou physiques, que par leur forme primitive. Le spath d'Islande fait voir doubles
les objets que l'on regarde à travers ses
lames, l'arragonite les laisse voir simples (1). La densité et la dureté de l'arra-

(1) Nous n'avons rien dit des caractères optiques des
cristaux. Ces caractères qui permettent entre autres
exemples, de distinguer, par la duplication de l'obje

gonite surpasse celle du spath; l'arragonite raie le spath, le spath ne raie pas
l'arragonite. Ces substances, si différentes
sous tous ces rapports, — à en juger par
les ingrédients (acide carbonique et chaux)
que l'analyse chimique en retire, sont tout-
à-fait identiques. Les observations les plus
scrupuleuses de M. *Thenard* et de M. *Biot*
ont mis cette identité hors de doute. Non-
seulement les proportions d'acide et de
chaux, retirées, sont les mêmes; mais les
propriétés de cet acide ne diffèrent nulle-
ment, soit qu'on le tire du spath d'Islande,
soit qu'on le tire de l'arragonite; il en est

que l'on regarde au travers, le *zircon* ou *hanelstein* des
Allemands, confondus tous deux, dans le commerce,
sous le nom d'hyacinthe, sont du plus haut intérêt. Les
caractères électriques ne sont pas moins dignes d'attention : caractères si frappants dans le spath d'Islande
qui s'électrise sous la seule pression; dans la tourma-
line qu'il suffit de présenter au feu le moins vif. Peut-on,
d'ailleurs, omettre les observations délicates auxquelles
l'élasticité des cristaux a donné lieu? (Voyez les expériences de M. SAVART, *Annales de chimie et de physi-
que*, 1828.) Peut-on omettre les observations de M. Mits
cherlich sur la dilatation des cristaux en un sens et leur
contraction en un autre, par la chaleur?

Ces points de vue si divers, sous lesquels les cristaux
ont été ou peuvent être étudiés, sont un bel exemple de
la *variété de connaissances* que l'examen attentif de
l'objet même le plus restreint, promet ou suppose.

de même de la chaux. « Chauffé peu-à-peu le spath, dit M. *Dumas* au Collége de France, le spath ne s'altère pas, jusqu'à ce que la température soit arrivée au point où l'acide carbonique et la chaux se séparent, au point où la décomposition du carbonate a lieu. Chauffez de la même façon, l'arragonite, vous la voyez, bien au-dessous du point où la décomposition commence, se désagréger, se déliter, en émettant une lueur phosphorique. Ne peut-on pas supposer, ajoute M. Dumas, que la substance change alors de forme cristalline et se transforme dans la variété rhomboédrique (1)»? Nous allons voir des exemples de transformation cristalline qui ôtent à cette

(1) Le dégagement de lumière qui, dans ce cas, accompagnerait un nouvel arrangement des particules, se fait également remarquer lorsque l'acide arsénieux *vitreux*, dissous dans l'acide chlorhydrique étendu d'eau et bouillant passe, par le refroidissement, à l'état d'acide cristallisé *opaque*. Si l'opération a lieu dans l'obscurité, on voit une lueur vive tant que dure la cristallisation ; lueur qui n'a pas lieu quand on a dissous de l'acide arsénieux opaque. Une apparition de lumière, sans doute du même genre, s'observe lors de la cristallisation du sulfate acide de potasse sorti des fabriques d'acide nitrique.

conjecture ce qu'elle a de paradoxal, au premier abord.

Longtemps on n'eut à citer de cristaux identiques dans leur composition chimique, et différents, inconciliables, quant à leur forme, que dans la famille des *carbonates de chaux*. Mais, par la suite, on en a découvert d'autres. On cite le *sulfure de fer*, dont la forme primitive est tantôt un cube (la pyrite ordinaire), tantôt un prisme à base en losange (le sulfure blanc); le *silicate d'alumine et de soude*, dont la forme primitive est tantôt un prisme regulier à quatre pans (dans la néphéline des minéralogistes), tantôt un dodécaèdre à faces en losange (dans la lazulite). M. *Mitscherlich* a obtenu à volonté, dans la cristallisation du soufre, des cristaux à forme primitive en prisme droit et en prisme oblique. M. Beudant a obtenu des formes également incompatibles dans la cristallisation du salpêtre; dans celle du nitrate de soude ; dans celle du sulfate de fer. Vous avez vu (page 62), à quelle conclusion ces résultats l'ont conduit.

Cette pluralité de formes sous une composition identique, ou, pour employer le mot consacré à cet ordre de faits, ce *polymorphisme* (1) ramène nécessairement le classificateur à considérer, dans la distinction et le groupement des minéraux, les caractères fournis par l'analyse chimique comme les seuls qui soient constamment et universellement décisifs. Haüy paraît cependant avoir conservé jusqu'à la fin la conviction que des procédés chimiques plus exacts viendraient un jour ranger, dans des espèces minérales distinctes, le *spath d'Islande* et l'*arragonite*, ainsi que les autres substances polymorphes, et rendraient ainsi aux caractères cristallographiques leur autorité (2).

(1) Du mot grec qui signifie *forme*, et de celui qui signifie *plusieurs*.

(2) Enfermé dans la spécialité qu'il s'était faite, fidèle aux souvenirs et aux habitudes de son enfance, l'abbé Haüy vit les différents régimes sous lesquels il vécut, venir en quelque sorte au-devant de lui. En 1783, ses études botaniques servirent de prétexte pour son entrée à l'Académie des sciences, et le dispensèrent d'attendre qu'une place de minéralogiste y vînt à vaquer. La Convention, le nomma le 15 thermidor an II, conservateur des collections minéralogiques de l'Ecole des mines. Le 19 brumaire an III, le Directoire lui donna une chaire à

Le polymorphisme indique seulement que, dans le fait de la formation d'un cristal, il y a d'autres ingrédients à compter que ceux que l'analyse chimique actuelle en retire ; d'autres ingrédients que ceux même qu'à la suite de ses plus heureux perfectionnements, l'analyse chimique en pourra jamais retirer. « Le temps, écrit BUFFON, dans son *Histoire naturelle*, précisément à l'article de la *figuration des minéraux*, le temps entre comme élément, comme ingrédient réel et nécessaire, dans toutes les compositions de la matière. La dose de ce grand élément ne nous est pas toujours connue : il faut peut-être des siècles pour opérer la cristallisation d'un diamant, tandis qu'il ne faut que quelques minutes pour obtenir un octaèdre d'alun... Quand l'homme

l'Ecole normale. Le 28 germinal de la même année, on le voit membre de la commission des poids et mesures dont il rédige les Instructions ; puis, membre de l'Institut. Le Consulat le fit professeur de minéralogie au Jardin-des-Plantes ; l'Empire, professeur à la Faculté des sciences ; la Restauration, officier de la Légion-d'Honneur. Toutes les Académies étrangères s'honorèrent de le compter entre leurs associés. Haüy est mort à Paris, le 3 juin 1822, à l'âge de soixante-dix-neuf ans.

pourrait reconnaître tous les éléments que la nature emploie ; quand il les aurait à sa disposition, il lui manquerait encore la puissance de disposer du temps et de faire entrer les siècles dans le calcul de ses combinaisons. » Cette dernière assertion est, jusqu'à certain point, contestable : la puissance de continuité qu'un homme ne saurait acquérir, la suite des générations humaines ne pourrait-elle l'avoir ?

Mais revenons aux ingrédients fugitifs et chimiquement insaisissables de la cristallisation. Le temps n'est pas le seul de cet ordre, à compter. Les expériences cristallographiques que nous avons passées en revue, nous en ont montré d'autres, et, au premier rang, les différences dans la conduite du calorique, dans sa quantité, dans son mode de soustraction : toutes circonstances dont on voit l'effet dans le cristal, mais dont on ne voit plus la cause, à moins qu'on ne s'avise de prendre, en quelque sorte, la nature sur le fait, et qu'on ne se mette à observer l'opération même, au lieu de se borner à observer l'œuvre. La seule formule qui soit sans exception, c'est celle dont se servait Henckel (voyez ci-dessus, page 94) quand il disait « que les formes minérales sont les mêmes, alors que les mêmes matériaux sont employés, dans les mêmes circonstances. » *Idendité de matériaux et de circonstances : identité de formes.*

Identité de matériaux, diversité de circonstances, diversité de formes; ou, comme on dit, polymorphisme. Vous en avez eu l'exemple avec le soufre. Cristallisé par fusion et refroidissement, c'est-à-dire solidifié à la température de 108° au-dessus de glace, il donne des *prismes obliques* à base en losange. Cristallisé par évaporation de sa solution dans le sulfure de carbone, c'est-à-dire solidifié à la température ordinaire, il donne des octaèdres qui, comme les cristaux de soufre naturels et ceux que produit la sublimation, impliquent pour noyau (ou forme primitive) un *prisme droit* rectangulaire : prisme incompatible avec le premier. Voilà un cas de polymorphisme dont on n'ignore pas totalement l'origine et qui peut mettre sur la voie des circonstances diverses dont les autres cas de polymorphisme sont le fruit. Ici comme dans le cas du carbonate de chaux, le polymorphisme est permanent.

Il est d'autres cas où le polymorphisme est passager.

Je vous ai dit que, même à l'état solide, des changements s'opéraient parfois dans la structure des corps; j'ai différé de vous en citer des exemples : c'est ici le lieu de le faire.

M. Mitscherlich a observé que des cristaux prismatiques de sulfate de nickel, formés à la température moyenne de l'air, exposés pendant quelques jours à un soleil ardent, dans un vase bien clos, changent intérieurement de structure, sans éprouver le moindre changement extérieur; vient-on à les briser, on les trouve composés d'octaèdres à base carrée. Chauffez peu-à-peu jusqu'à environ 40°, dans l'huile, un cristal de sulfate de magnésie ou de sulfate de zinc, vous remarquez des raies opaques qui se propagent dans le cristal transparent juqu'à ce qu'il soit lui-même devenu tout entier opaque. Si vous le brisez alors, il vous donne une foule de petits cristaux tout-à-fait différents (1).

Le même fait a lieu, à la température ordinaire, pour l'acide arsenieux; fondu ou sublimé, cet acide est semblable à du verre. Peu-à-peu il devient laiteux, opaque; il faut des années pour qu'il le soit tout-à-fait. Le changement de forme qui a lieu si lentement à son intérieur, y produit une foule de petits cristaux pareils à ceux qui se forment, par le refroidissement, d'une dissolution de ce même acide dans l'acide chlorhydrique étendu et bouillant.

Voulez-vous un autre exemple : à froid, le composé d'oide et de mercure (ou, si vous voulez, la dissolution d'iode et de mercure) que l'on appelle bi-iodure de mercure, est d'une belle couleur rouge. Distillez-le, sublimez-le, le sublimé est d'un jaune citron. Ne touchez pas à ce sublimé : il reste jaune. Frottez-le fortement avec

____

(1) *Eléments de chimie*, tom. 1er, p. 358.

une baguette de verre : il devient aussitôt rouge. Ce changement rapide, qui se serait fait lentement de lui-même, correspond à un changement dans la forme cristalline.

Ces changements reportent naturellement l'attention vers ceux qui s'opèrent (ainsi que nous l'avons vu, page 73) dans le soufre cristallisé à une température élevée, et vers le fait auquel tient son opacité croissante. Examinées au microscope, ces aiguilles prismatiques, transparentes et un peu flexibles lors de leur formation, maintenant opaques et friables, ces aiguilles vous montrent une multitude de petits octaèdres (polyèdres bien différents du prisme) enchâssés les uns à la suite des autres; comme dans la cristallisation du soufre, à une température plus basse, par évaparation de sa solution dans le sulfure de carbone.

Vous voyez que, dans tous ces faits, le calorique paraît être l'acteur principal. Les mouvements perpétuels de dilatation ou de resserrement, par variation de température, vous étaient connus; mais vous ne soupçonniez sans doute pas que leur pouvoir pût s'étendre aussi loin ou s'exercer avec tant de régularité. Ne peut-on pas, d'après cela, conjecturer que les différences cristallines du spath calcaire et de l'arragonite tiennent à ce que ces deux sortes de cristaux ont été formés à des températures différentes ?

Des corps chimiquement identiques et diversement cristallisés, passons à ceux qui diffèrent sous le rapport de la composition chimique et se ressemblent par la forme cristalline. Quelques-uns d'entre eux ont donné lieu à des observations fort curieuses, auxquelles une remarque de M. *Gay-Lussac* servit de point de départ.

M. Gay-Lussac remarqua qu'un octaèdre d'alun ordinaire (sulfate d'alumine et de potasse) placé dans une dissolution de sulfate d'alumine et d'ammoniaque (ou, comme on dit, dans une solution d'alun à base d'ammoniaque), — ne se conduisait pas comme le fait, d'ordinaire, un cristal transporté de sa solution dans une autre ;

qu'il grossissait dans cette solution comme
dans la sienne, sans changer de forme,
bien que son accroissement se fît aux
dépens d'une matière étrangère à la sienne
et se composât de couches d'alun ammo-
niacal. Cet octaèdre, rendu à la solution
d'alun potassé, s'y recouvrait de couches
de cet alun; puis, transporté derechef
dans l'autre solution d'alun, recevait tour-
à-tour des couches de matières différentes,
sans que son type cristallin fût le moins
du monde altéré. M. *Beudant* constata un
grand nombre de faits du même genre.
Ce changement alternatif de matière minérale, avec parité de forme cristalline,
n'a lieu, vous pensez bien, que dans certaines limites et à certaines conditions;
ces conditions, quelles sont-elles? telle
est la question qu'a résolue M. *Mitscher-*
lich, minéralogiste suédois, que je vous
ai déjà nommé, et dont les recherches se
sont portées principalement sur les rapports qui existent entre les formes des
substances cristallisées et leur composition chimique.

M. Mitscherlich reconnut que cette

substitution de matière, avec identité de formes, n'a lieu qu'entre les corps dont la forme cristalline est la même ou ne diffère que par de légères modifications dans les angles. Il établit, de plus, que tous les sels et, en général, tous les composés qui se correspondent par leur composition, c'est-à-dire qui, sans être formés des mêmes substances, sont constitués dans des *rapports* semblables, — que tous ces composés présentent cette similitude de forme ; que tous ces composés sont, comme on l'a dit par opposition au fait du polymorphisme, *isomorphes* (1).

Un exemple éclaircira ce que ces explications peuvent avoir d'obscur. Un cristal de *phosphate de soude* et un cristal d'*arséniate de soude* sont assurément des composés bien différents. L'un de ces sels a pour acide un acide de phosphore ; l'autre, un acide d'arsenic. Mais ces deux cristaux contiennent des quantités équivalentes d'acide, de soude, d'eau de cristallisation ;

____

(1) Du mot grec qui signifie *forme*, et de celui qui signifie *pareil*.

ils présentent la même forme; ils sont isomorphes. L'un des groupes les plus remarquables de substances isomorphes, c'est celui que forment le protoxyde de fer, le protoxyde de cuivre, le protoxyde de zinc, le protoxyde de nickel, le protoxyde de manganèse.

FIN.

TABLE

—

Observations préliminaires.   5

De nos conjectures concernant l'origine des produits naturels qui ressemblent aux produits artificiels.   6

De la valeur de ces conjectures.   *Ib.*

La merveilleuse sagacité de *Zadig* mise en défaut par une petite pierre, à facettes planes en losange.   8

Origine véritable de cette pierre.   12

Formation, avec le sel, ordinaire, de petites pierres, à facettes planes carrées.   15

Autres essais de solidification polyédridrique ou de *cristallisation*.   16

Solution; saturation.   18

Absorption ou dégagement de calorique quand un corps passe d'un état de densité à un autre.   21

Variations de solubilité pour la même substance.   23

Filtration; décantation.   29
Cristaux obtenus *par évaporation* de la solution.   37
Exemples : sel ordinaire, sulfate de potasse, borax,
    sulfate de fer, sulfate de cuivre, etc.   36
Sucre candi ou cristal de sucre.   39
Moyen de faire croître les cristaux à volonté.   43
Cristaux obtenus *par le refroidissement* de la
    solution.   45
Exemples : salpêtre, alun, sel d'oseille, sel de
    Glauber, acétate de plomb, tartre, etc.   46
Influence de la lumière sur la cristallisation.   50
Eau dite de cristallisation.   53
Influence du liquide de la solution.   *Ib.*
— Des substances chimiquement mélangées.   59
Changements de formes.   61
Conclusion à laquelle ces faits ont conduit
    M. *Beudant.*   62
Précipités cristallins.   65
Précipités cristallins de métaux.   66
Exemples : argent; plomb. — Arbre de saturne.   *Ib.*
Cristallisations métalliques dues à des courants
    électriques très-faibles.   68
Cristallisation *par fusion* et refroidissement.   70
Exemples : soufre; cristaux de soufre obtenus
    par solution et évaporation.   *Ib.*
Fusion et cristallisation du plomb, du zinc, du
    bismuth, de l'antimoine.   74
Solidification cristalline du mercure.   *Ib.*

— De l'eau — 75

Cristallisation *par sublimation*. — 77

Sublimés cristallins de soufre, d'indigo, d'iode, de camphre. — 78

— De l'eau ; neige ; givre ; arborisations des vitres en hiver. — 81

Cristallisation des matières visqueuses ou même tout-à-fait solides. — 82

Cristaux qui s'offrent à l'observation dans la vie commune ; dans les carrières et les mines ; en certaines professions. — 85

Des connaissances des Anciens en fait de cristaux. — 90

Extrait de *Pline*. — Ib.

De la cristallographie chez les modernes. — 93

Cristallographie explicative ; cristallographie descriptive. — Ib.

Premiers cristallographes descripteurs : *Cappeller* ; *Linné*. — 94

Romé de L'Isle. — 96

Ses remarques relatives à la constance des angles dans les cristaux. — Ib

Instrument destiné à mesurer ces angles et nommé *goniomètre*. — 96

Mode de classement des cristaux, dans chaque espèce minérale, adopté par *Romé de L'Isle*. — 100

Forme principale arbitraire ; formes dérivées. — Ib.

Exemple ; passage du cube à l'octaèdre. 101

Intérieur des cristaux. 104

Petits fragments cristallins pareils au cristal entier, obtenus en frappant au hasard ou dans certains sens. 105

Exemples : spath d'Islande ; galène. *Ib.*

Observation nouvelle de *Haüy* ; découverte semblable faite par *Gahn* et *Bergman*. 107

Petits fragments cristallins différents du cristal entier. 110

— Et pareils dans tous les cristaux d'une même espèce minérale. 112

Premier exemple : spath calcaire ou carbonate de chaux. *Ib.*

Application faite par *Haüy* de cette observation au classement des cristaux d'une même espèce minérale. 114

Liaison entre la forme *principale naturelle* et les formes extérieures ou secondaires, désignée sous le nom de Loi de symétrie. 116

Application tentée par *Haüy* de ces observations, à la classification des minéraux eux-mêmes. 120

Première exception : incompatibilité de forme entre le spath d'Islande et l'arragonite qui sont tous deux du carbonate de chaux pur ; premier fait dit de *polymorphisme*. 124

Autres faits du même genre. 128

Compte à faire, dans la composition des cristaux,

du *temps*, de la *température* et de mainte autre circonstance que les réactifs chimiques n'atteignent pas. 130

Polymorphisme passager. 133

Faits d'*isomorphisme* ; observations de M. *Mitscherlich*. 136

FIN DE LA TABLE.

Limoges. — Imp. E. ARDANT et C°.

www.ingramcontent.com/pod-product-compliance
Ingram Content Group UK Ltd.
Pitfield, Milton Keynes, MK11 3LW, UK
UKHW021225140726
13695UKWH00002B/759